国家彩票公益金资助 · 大字版

顾森 著

思考的乐趣

Matrix67数学笔记

数学之美

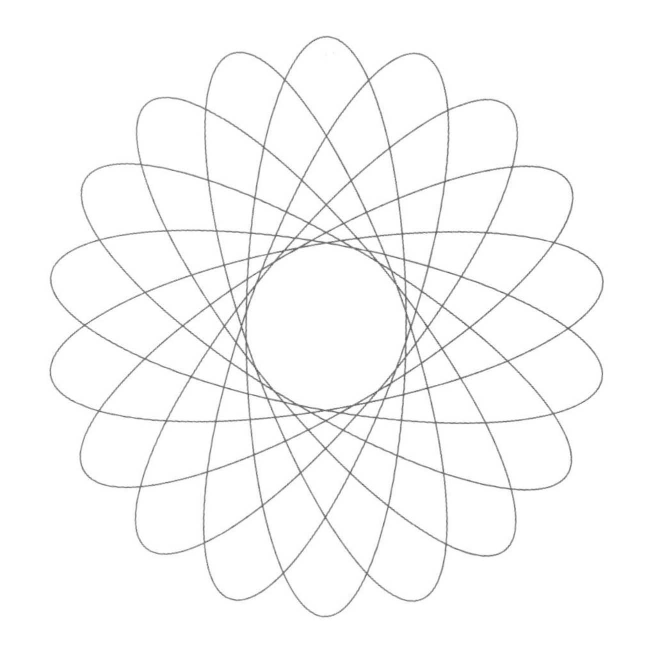

中国盲文出版社

图书在版编目（CIP）数据

数学之美：大字版 / 顾森著. —北京：中国盲文出版社，2020.10

（思考的乐趣：Matrix67 数学笔记）

ISBN 978－7－5002－9988－2

Ⅰ.①数… Ⅱ.①顾… Ⅲ.①数学—普及读物
Ⅳ.①01－49

中国版本图书馆 CIP 数据核字（2020）第 172258 号

数学之美

著　　者：顾　森
出版发行：中国盲文出版社
社　　址：北京市西城区太平街甲 6 号
邮政编码：100050
印　　刷：东港股份有限公司
经　　销：新华书店
开　　本：710×1000　1/16
字　　数：55 千字
印　　张：8.25
版　　次：2020 年 10 月第 1 版　2020 年 10 月第 1 次印刷
书　　号：ISBN 978－7－5002－9988－2/0·41
定　　价：26.00 元
销售服务热线：（010）83190520

序一

我本不想写这个序。因为知道多数人看书不爱看序言。特别是像本套书这样有趣的书，看了目录就被吊起了胃口，性急的读者肯定会直奔那最吸引眼球的章节，哪还有耐心看你的序言？

话虽如此，我还是答应了作者，同意写这个序。一个中文系的青年学生如此喜欢数学，居然写起数学科普来，而且写得如此投入又如此精彩，使我无法拒绝。

书从日常生活说起，一开始就讲概率论教你如何说谎。接下来谈到失物、物价、健康、公平、密码还有中文分词，原来这么多问题都与数学有关！但有关的数学内容，理解起来好像并不是很容易。一个消费税的问题，又是图表曲线，又是均衡价格，立刻有了高深模样。说到最后，道理很浅显：向消费者收税，消费意愿减少，商人的利润也就减少；向商人收税，成本上涨，消费者也就要多出钱。数学就是这样，无论什么都能插进去说说，而且千方百计要把事情说个明白，力求返璞归真。

如果你对生活中这些事无所谓，就请从第二部分“数学之美”开始看吧。这里有“让你立刻爱上数学的 8 个算术游戏”。作者口气好大，区区几页文字，能让人立刻爱上数学？你看下去，就知道作者没有骗你。这些算术游戏做起来十分简单却又有趣，背后的奥秘又好像深不可测。8 个游戏中有 6 个与数的十进制有关，这给了你思考的空间和当一回数学家的机会。不妨想想做做，换成二进制或八进制，这些游戏又会如何？如果这几个游戏勾起了你探究数字奥秘的兴趣，那就接着往下看，后面是一大串折磨人的长期没有解决的数学之谜。问题说起来很浅显明白，学过算术就懂，可就是难以回答。到底有多难，谁也不知道。也许明天就有人想到了一个巧妙的解法，这个人可能就是你；也许一万年仍然是个悬案。

但是这一部分的主题不是数学之难，而是数学之美。这是数学文化中常说常新的话题，大家从各自不同的角度欣赏数学之美。陈省身出资两万设计出版了“数学之美”挂历，十二幅画中有一张是分形，是唯一在本套书这一部分中出现的主题。这应了作者的说法：“讲数学之美，分形图形是不可不讲的。”喜爱分形图的读者不妨到网上搜索一下，在图片库里有丰富的彩色分形图。一边读本书，一边欣赏神秘而美丽惊人的艺术作品，从理性和感性两方面享受思考和观察的乐趣吧。此外，书里还有不常见的信息，例如三角形居然有 5000 多颗心，我是第一次知道。看了这一部分，马上到网上看有关的网站，确实是开了眼界。

作者接下来介绍几何。几何内容太丰富了，作者着重讲了几何作图。从经典的尺规作图、有趣的单规作图，到疯狂的生锈圆规作图、意外有效的火柴棒作图，再到功能特强的折纸作图和现代化机械化的连杆作图，在几何世界里我们做了一次心旷神怡的旅游。原来小时候玩过的折纸剪纸，都能够登上数学的大雅之堂了！最近看到《数学文化》月刊上有篇文章，说折纸技术可以用来解决有关太阳能飞船、轮胎、血管支架等工业设计中的许多实际问题，真是不可思议。

学习数学的过程中，会体验到三种感觉。

一种是思想解放的感觉。从小学学习加减乘除开始，就不断地突破清规戒律。两个整数相除可能除不尽，引进分数就除尽了；两个数相减可能不够减，引进负数就能够相减了；负数不能开平方，引进虚数就开出来了。很多现象是不确定的，引进概率就有规律了。浏览本套书过程中，心底常常升起数学无禁区的感觉。说谎问题、定价问题、语文句子分析问题，都可以成为数学问题；摆火柴棒、折纸、剪拼，皆可成为严谨的学术。好像在数学里没有什么问题不能讨论，在世界上没有什么事情不能提炼出数学。

一种是智慧和力量增长的感觉。小学里使人焦头烂额的四则应用题，一旦学会方程，做起来轻松愉快，摧枯拉朽地就解决了。曾经使许多饱学之士百思不解的曲线切线或面积计算问题，一旦学了微积分，即使让普通人做起来也是小菜一碟。有时仅仅读一个小时甚至十几分钟，就能感受到自己智慧和力量的增长。十几分钟之前还是一头雾水，十几分钟之后便豁然开朗。读本套书的第四部分时，这种智慧和力量增长的感觉特别明显。作者把精心选择的巧妙的数学证明，一个接一个地抛出来，让读者反复体验智慧和力量增长的感觉。这里有小题目也有大题目，不管是大题还是小题，解法常能令人拍案叫绝。在解答一个小问题之前作者说："看了这个证明后，你一定会觉得自己笨死了。"能感到自己之前笨，当然是因为智慧增长了！

一种是心灵震撼的感觉。小时候读到棋盘格上放大米的数学故事，就感到震撼，原来 $2^{64}-1$ 是这样大的数！在细细阅读本套书第五部分时，读者可能一次一次地被数学思维的深远宏伟所震撼。一个看似简单的数字染色问题，推理中运用的数字远远超过佛经里的"恒河沙数"，以至于数字仅仅是数字而无实际意义！接下去，数学家考虑的"所有的命题"和"所有的算法"就不再是有穷个对象。而对于无穷多的对象，数学家依然从容地处理，该是什么就是什么。自然数已经是无穷多了，有没有更大的无穷？开始总会觉得有理数更多。但错了，数学的推理很快证明，密密麻麻的有理数不过和自然数一样多。有理数都是整系数一次方程的根，也许加上整系数二次方程的根，整系数三次方程的根等等，也就是所谓代数数就会比自然数多了吧？这里有大量的无理数呢！结果又错了。代数数看似声势浩大，仍不过和自然数一样多。这时会想所有的无穷都一样多吧，但又错了。简单而巧妙的数学推理得到很多人至今不肯接受的结论：实数比自然数多！这是伟大的德国数学家康托的代表性成果。

说这个结论很多人至今不肯接受是有事实根据的。科学出版社出了一本书，名为《统一无穷理论》，该书作者主张无穷只有一个，不赞成实数比自然数多，希望建立新的关于无穷的理论。他的努力受到一些研究数理哲学的学者的支持，可惜目前还不能自圆其说。我不知道有哪位数学家支持“统一无穷理论”，但反对“实数比自然数多”的数学家历史上是有过的。康托的老师克罗内克激烈地反对康托的理论，以致康托得了终身不愈的精神病。另一位大数学家布劳威尔发展了构造性数学，这种数学中不承认无穷集合，只承认可构造的数学对象。只承认构造性的证明而不承认排中律，也就不承认反证法。而康托证明“实数比自然数多”用的就是反证法。尽管绝大多数的数学家不肯放弃无穷集合概念，也不肯放弃排中律，但布劳威尔的构造性数学也被承认是一个数学分支，并在计算机科学中发挥重要作用。

平心而论，在现实世界确实没有无穷。既没有无穷大也没有无穷小。无穷大和无穷小都是人们智慧的创造物。有了无穷的概念，数学家能够更方便地解决或描述仅仅涉及有穷的问题。数学能够思考无穷，而且能够得出一系列令人信服的结论，这是人类精神的胜利。但是，对无穷的思考、描述和推理，归根结底只能通过语言和文字符号来进行。也就是说，我们关于无穷的思考，归根结底是有穷个符号排列组合所表达出来的规律。这样看，构造数学即使不承认无穷，也仍然能够研究有关无穷的文字符号，也就能够研究有关无穷的理论。因为有关无穷的理论表达为文字符号之后，也就成为有穷的可构造的对象了。

话说远了，回到本套书。本套书一大特色，是力图把道理说明白。作者总是用自己的语言来阐述数学结论产生的来龙去脉，在关键之处还不忘给出饱含激情的特别提醒。数学的美与数学的严谨是分不开的。数学的真趣在于思考。不少数学科普，甚至国外有些大家的作品，说到较为复杂深刻的数学成果时，常常不肯花力气讲清楚其中的道理，可能认为讲了读者也不会看，是费力不讨好。本套书讲了不少相当深刻的数学工作，其推理过程有时曲折迂回，作者总是不畏艰难，一板一眼地力图说清楚，认真实践古人“诲人不倦”的遗训。这个特点使本套书能够成为不少读者案头床边的常备读物，有空看看，常能有新的思考，有更深的理解和收获。

信笔写来，已经有好几页了。即使读者有兴趣看序言，也该去看书中更有趣的内容并开始思考了吧。就此打住。祝愿作者精益求精，根据读者反映和自己的思考发展不断丰富改进本套书；更希望早日有新作问世。

张景中

2012 年 4 月 29 日

序二

欣闻《思考的乐趣：Matrix67 数学笔记》即将出版，应作者北大中文系的数学侠客顾森的要求写个序。我非常荣幸也非常高兴做这个命题作业。记得几个月前，与顾森校友及图灵新知丛书的编辑朋友们相聚北大资源楼喝茶谈此书的出版，还谈到书名等细节。没想到图灵的朋友们出手如此之快，策划如此到位。在此也表示敬意。我本人也是图灵新知丛书的粉丝，看过他们好几本书，比如《数学万花筒》《数学那些事儿》《历史上最伟大的 10 个方程》等，都很不错。

我和顾森虽然只有一面之缘，但好几年前就知道并关注他的博客了。他的博客内容丰富、有趣，有很多独到之处。诚如一篇关于他的报道所说，在百度和谷歌的搜索框里输入 matrix，搜索提示栏里排在第一位的并不是那部英文名为 *Matrix*（《黑客帝国》）的著名电影，而是一个名为 matrix67 的个人博客。自 2005 年 6 月开博以来，这个博客始终保持更新，如今已有上千篇博文。在果壳科技的网站里（这也是一个我喜欢看的网站），他的自我介绍也很有意思：“数学宅，能背到圆周率小数点后 50 位，会证明圆周率是无理数，理解欧拉公式的意义，知道四维立方体是由 8 个三维立方体组成的，能够把直线上的点和平面上的点一一对应起来。认为生活中的数学无处不在，无时不影响着我们的生活。”

据说，顾森进入北大中文系纯属误打误撞。2006 年，还在念高二的他代表重庆八中参加了第 23 届中国青少年信息学竞赛并拿到银牌，获得了保送北大的机会。选专业时，招生老师傻了眼：他竟然是个文科生。为了专业对口，顾森被送入了中文系，学习应用语言学。

虽然身在文科，他却始终迷恋数学。在他看来，数学似乎无所不能。对于用数学来解释生活，他持有一种近乎偏执的狂热——在他的博客上，油画、可乐罐、选举制度、打出租车，甚至和女朋友在公园约会，都能与数学建立起看似不可思议却又合情合理的联系。这些题目，在他这套新书里也有充分体现。

近代有很多数学普及家，他们不只对数学有着较深刻的理解，更重要的是对数学有着一种与生俱来的挚爱。他们的努力搭起了数学圈外人和数学圈内事的桥梁。

这里最值得称颂的是马丁·伽德纳，他是公认的趣味数学大师。他为《科学美国人》杂志写趣味数学专栏，一写就是二十多年，同时还写了几十本这方面的书。这些书和专栏影响了好几代人。在美国受过高等教育的人（尤其是搞自然科学的），绝大多数都知道他的大名。许多大数学家、科学家都说过他们是读着伽德纳的专栏走向自己现有专业的。他的许多书被译成各种文字，影响力遍及全世界。有人甚至说他是 20 世纪后半叶在全世界范围内数学界最有影响力的人。对我们这一代中国人来说，他那本被译成《啊哈，灵机一动》的书很有影响力，相信不少人都读过。让人吃惊的是，在数学界如此有影响力的伽德纳竟然不是数学家，他甚至没有修过任何一门大学数学课。他只有本科学历，而且是哲学专业。他从小喜欢趣味数学，喜欢魔术。读大学时本来是想到加州理工去学物理，但听说要先上两年预科，于是决定先到芝加哥大学读两年再说。没想到一去就迷上了哲学，一口气读了四年，拿了个哲学学士。这段读书经历似乎和顾森有些相似之处。

当然，也有很多职业数学家，他们在学术生涯里也不断为数学的传播做着巨大努力。比如英国华威大学的 Ian Stewart。Stewart 是著名数学教育家，一直致力于推动数学知识走通俗易懂的道路。他的书深受广大读者喜爱，包括《数学万花筒》《数学万花筒 2》《上帝掷骰子吗？》《更平坦之地》《给青年数学家的信》《如何切蛋糕》等。

回到顾森的书上。题目都很吸引人，比如“数学之美”“几何的大厦”“精妙的证明”。特点就是将抽象、枯燥的数学知识，通过创造情景深入浅出地展现出来，让读者在愉悦中学习数学。比如“概率论教你说谎”“找东西背后的概率问题”“统计数据的陷阱”等内容，就是利用一些趣味性的话题，一方面可以轻松地消除读者对数学的畏惧感，另一方面又可以把概率和统计的原始思想糅合在这些小段子里。

数学是美丽的。对此有切身体会的陈省身先生在南开的时候曾亲自设计了“数学之美”的挂历，其中12幅画页分别为复数、正多面体、刘徽与祖冲之、圆周率的计算、数学家高斯、圆锥曲线、双螺旋线、国际数学家大会、计算机的发展、分形、麦克斯韦方程和中国剩余定理。这是陈先生心目中的数学之美。我的好朋友刘建亚教授有句名言：“欣赏美女需要一定的视力基础，欣赏数学美需要一定的数学基础。”此套书的第二部分“数学之美”就是要通过游戏、图形、数列等浅显概念让有简单数学基础的读者朋友们也能领略到数学之美。

我发现顾森的博客里谈了很多作图问题，这和网上大部分数学博客不同。作图是数学里一个很有意思的部分，历史上有很多相关的难题和故事（最著名的可能是高斯 19 岁时仅用尺规就构造出了正 17 边形的故事）。本套书的第三部分专门讲了“尺规作图问题”“单规作图的力量”“火柴棒搭成的几何世界”“折纸的学问”“探索图形剪拼”等，愿意动动手的数学爱好者绝对会感到兴奋。对于作图的乐趣和意义，我想在此引用本人在新浪微博上的一个小段子加以阐述。

学生：“咱家有的是钱，画图仪都买得起，为啥作图只能用直尺和圆规，有时还只让用其中的一个？”

老师：“上世纪有个中国将军观看学生篮球赛。比赛很激烈，将军却慷慨地说，娃们这么多人抢一个球？发给他们每人一个球开心地玩。”

数学文化微博评论：生活中更有意思的是战胜困难和挑战所赢得的快乐和满足。

书的最后一部分命名为“思维的尺度”，“俄罗斯方块可以永无止境地玩下去吗?”“比无穷更大的无穷”“无以言表的大数”“不同维度的对话”等话题一看起来就很有意思，作者试图通过这些有趣的话题使读者享受数学概念间的联系、享受数学的思维方式。陈省身先生临终前不久曾为数学爱好者题词：“数学好玩。”事实上顾森的每篇文章都在向读者展示数学确实好玩。数学好玩这个命题不仅对懂得数学奥妙的数学大师成立，对于广大数学爱好者同样成立。

见过他本人或看过他的相片的人一定会同意顾森是个美男子，有阳刚之气。很高兴看到这个英俊才子对数学如此热爱。我期待顾森的书在不久的将来会成为畅销书，也期待他有一天会成为马丁·伽德纳这样的趣味数学大师。

汤涛

《数学文化》期刊联合主编

香港浸会大学数学讲座教授

2012.3.5

前言

依然记得在我很小的时候，母亲的一个同事考了我一道题：一个正方形，去掉一个角，还有多少个角？记得当时我想都没想就说：“当然是三个角。”然后，我知道了答案其实应该是五个角，于是人生中第一次体会到顿悟的快感。后来我发现，其实在某些极端情况下，答案也有可能是四个角或者三个角。我由衷地体会到了思考的乐趣。

从那时起，我就疯狂地爱上了数学，为一个个漂亮的数学定理和巧妙的数学趣题而倾倒。我喜欢把我搜集到的东西和我的朋友们分享，将那些恍然大悟的瞬间继续传递下去。

2005 年，博客逐渐兴起，我终于找到了一个记录趣味数学点滴的完美工具。2005 年 7 月，我在 MSN 上开办了自己的博客，后来几经辗转，最终发展成了一个独立网站 http://www.matrix67.

com。几年下来，博客里已经累积了上千篇文章，订阅人数也增长到了五位数。

在博客写作的过程中，我认识了很多志同道合的朋友。2011 年初，我有幸认识了图灵公司的朋友。在众人的鼓励下，我决定把我这些年积累的数学话题整理成册，与更多的人一同分享。我从博客里精心挑选了一系列初等而有趣的文章，经过大量的添删和修改，有机地组织成了五个相对独立的部分。如果你是刚刚体会到数学之美的中学生，这书会带你进入一个课本之外的数学花园；如果你是奋战在技术行业前线的工程师，这书或许能不断给你带来新的灵感；如果你并不那么喜欢数学，这书或许会逐渐改变你的看法……不管怎样，这书都会陪你走过一段难忘的数学之旅。

在此，特别感谢张晓芳为本套书手绘了很多可爱的插画，这些插画让本套书更加生动、活泼。感谢明永玲编辑、杨海玲编辑、朱巍编辑以及图灵公司所有朋友的辛勤工作。同时，感谢张景中院士和汤涛教授给我的鼓励、支持和帮助，也感谢他们为本套书倾情作序。

在写作这书时，我在 Wikipedia（http://www.wikipedia.org）、MathWorld（http://mathworld.wolfram.com）和 CutTheKnot（http://www.cut-the-knot.org）上找到了很多有用的资料。文章中很多复杂的插图都是由 Mathematica 和 GeoGebra 生成的，其余图片则都是由 Paint.NET 进行编辑的。这些网站和软件也都非常棒，在这里也表示感谢。

目录

1. 让你立刻爱上数学的 8 个算术游戏 /003

2. 最折磨人的数学未解之谜 /013

3. 那些神秘的数学常数 /045

4. 奇妙的心电图数列 /061

5. 不可思议的分形图形 /068

6. 几何之美：三角形的心 /090

7. 数学之外的美丽：幸福结局问题 /105

在数学发展的过程中，很多时候提出新的数学问题，开创新的数学领域，最初的动机并不是解释生活中的现象，而是因为它本身的美妙。数学世界里究竟有什么精彩之处，让数学家如此疯狂？

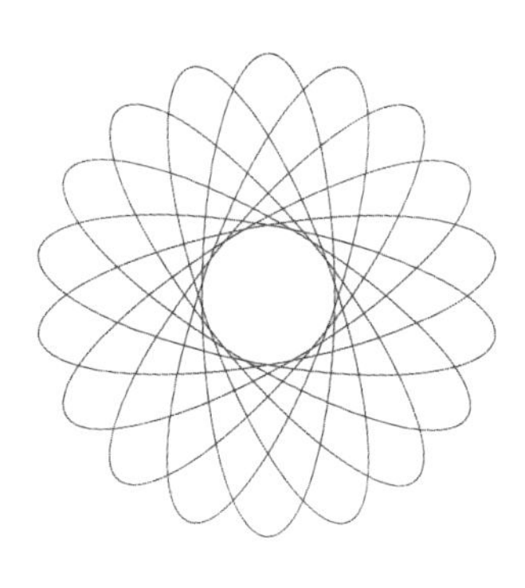

1. 让你立刻爱上数学的8个算术游戏

漫游在数学的世界里

文科背景的朋友们经常会问我两个问题：数学到底哪里有趣了？数学之美又在哪里？此时，我通常会讲一些简单而又深刻的算术游戏，让每个只会算术的人都能或多或少地体会到一些数学的美妙。如果你从小就被数学考试折磨，对数学一点好感都没有，那么我相信这一节内容会改变你的态度。

数字黑洞

任意选一个四位数（数字不能全相同），把所有数字从大到小排列，再把所有数字从小到大排列，用前者减去后者得到一个新的数。重复对新得到的数进行上述操作，7 步以内必然会得到 6174。如果某一步计算的结果不足四位，那就在它前面添加 0，把它补成四位，再进行操作。例如，选择四位数 8080：

$$8800-0088=8712$$
$$8721-1278=7443$$
$$7443-3447=3996$$
$$9963-3699=6264$$
$$6642-2466=4176$$
$$7641-1467=6174$$

……

6174 这个“黑洞”就叫做卡布列克（Kaprekar）常数。对于三位数，也有一个数字黑

洞，即495。

特殊乘法的速算

如果两个两位数的十位数相同，个位数相加为10，那么你可以立即说出这两个数的乘积。如果把这两个数分别写作 $\overline{AB}$ 和 $\overline{AC}$，那么它们的乘积的前两位就是 A 和 $A+1$ 的乘积，后两位就是 B 和 C 的乘积。

比如，47和43的十位数相同，个位数之和为10，因而它们乘积的前两位就是 $4\times(4+1)=20$，后两位就是 $7\times3=21$。也就是说，$47\times43=2021$。

类似地，$61\times69=4209$，$86\times84=7224$，$35\times35=1225$，等等。

这个速算方法背后的原因是，$(10x+y)(10x+(10-y))=100x(x+1)+y(10-y)$ 对任意 x 和 y 都成立。

翻倍，再翻倍！

将 123 456 789 翻倍，你会发现结果仍然是这 9 个数字的一个排列：

$$123\ 456\ 789 \times 2 = 246\ 913\ 578$$

我们再次将 246 913 578 翻倍，发现：

$$246\ 913\ 578 \times 2 = 493\ 827\ 156$$

结果依旧使用了每个数字各一次。这仅仅是一个巧合吗？我们继续翻倍：

$$493\ 827\ 156 \times 2 = 987\ 654\ 312$$

神奇啊，一个很有特点的数 987 654 312，显然每个数字又只用了一次。

你或许会想，这下到头了吧，再翻倍就成 10 位数了。不过，请看：

$$987\ 654\ 312 \times 2 = 1\ 975\ 308\ 624$$

又使用了每个数字各一次，只不过这一次加上了数字0。再来？

$$1\ 975\ 308\ 624 \times 2 = 3\ 950\ 617\ 248$$

恐怖了，又是每个数字各出现一次。

出现了这么多巧合之后我们开始怀疑，这并不是什么巧合，一定有什么简单的方法可以解释这种现象。

但是，下面的事实让这个问题更加复杂了。到了第6次后，虽然仍然是10位数，但偏偏就在这时发生了意外：

$$3\ 950\ 617\ 248 \times 2 = 7\ 901\ 234\ 496$$

看来，寻找一个合理的解释，并不是一件轻而易举的事情。

唯一的解

经典数字谜题：用1到9组成一个九位数，使得这个数的第一位能被1整除，前两位组成的两位数能被 2 整除，前三位组成的三位数能被 3 整除，以此类推，一直到整个九位数能被 9 整除。

没错，真的有这样猛的数：381 654 729。其中 3 能被 1 整除，38 能被 2 整除，381 能被 3 整除，一直到整个数能被 9 整除。这个数既可以用整除的性质一步步推出来，也可以利用计算机编程找到。

另一个有趣的事实是，在由 1 到 9 所组成的所有 362 880 个不同的九位数中，381 654 729 是唯一一个满足要求的数！

幻方之幻

一个“三阶幻方”是指把数字 1 到 9 填入 3×3 的方格，使得每一行、每一列以及两条对角线的 3 个数之和正好都相同。图 1 就是一个三阶幻方，每条直线上的 3 个数之和都等于 15。

大家或许都听说过幻方这东西，但是并不知道幻方中的一些美妙的性质。例如，任意一个三阶幻方都满足，各行所组成的三位数的平方和，等于各行逆序所组成的三位数的平方和。对于图 1 中的三阶幻方，利用线性代数，我们就可以证明这个结论。

8	1	6
3	5	7
4	9	2

图 1

$$816^2+357^2+492^2=618^2+753^2+294^2$$

天然形成的幻方

从 $\frac{1}{19}$ 到 $\frac{18}{19}$ 这 18 个分数的小数循环节长度都是 18。像图 2 那样把这 18 个循环节排成一个 18×18 的数字阵，这将恰好构成一个幻方——每一行、每一列和两条对角线上的数字之和都是 81。[①]

① 严格意义上说它不算幻方，因为方阵中有相同的数字。

1/19 = 0. 0 5 2 6 3 1 5 7 8 9 4 7 3 6 8 4 2 1 …
2/19 = 0. 1 0 5 2 6 3 1 5 7 8 9 4 7 3 6 8 4 2 …
3/19 = 0. 1 5 7 8 9 4 7 3 6 8 4 2 1 0 5 2 6 3 …
4/19 = 0. 2 1 0 5 2 6 3 1 5 7 8 9 4 7 3 6 8 4 …
5/19 = 0. 2 6 3 1 5 7 8 9 4 7 3 6 8 4 2 1 0 5 …
6/19 = 0. 3 1 5 7 8 9 4 7 3 6 8 4 2 1 0 5 2 6 …
7/19 = 0. 3 6 8 4 2 1 0 5 2 6 3 1 5 7 8 9 4 7 …
8/19 = 0. 4 2 1 0 5 2 6 3 1 5 7 8 9 4 7 3 6 8 …
9/19 = 0. 4 7 3 6 8 4 2 1 0 5 2 6 3 1 5 7 8 9 …
10/19 = 0. 5 2 6 3 1 5 7 8 9 4 7 3 6 8 4 2 1 0 …
11/19 = 0. 5 7 8 9 4 7 3 6 8 4 2 1 0 5 2 6 3 1 …
12/19 = 0. 6 3 1 5 7 8 9 4 7 3 6 8 4 2 1 0 5 2 …
13/19 = 0. 6 8 4 2 1 0 5 2 6 3 1 5 7 8 9 4 7 3 …
14/19 = 0. 7 3 6 8 4 2 1 0 5 2 6 3 1 5 7 8 9 4 …
15/19 = 0. 7 8 9 4 7 3 6 8 4 2 1 0 5 2 6 3 1 5 …
16/19 = 0. 8 4 2 1 0 5 2 6 3 1 5 7 8 9 4 7 3 6 …
17/19 = 0. 8 9 4 7 3 6 8 4 2 1 0 5 2 6 3 1 5 7 …
18/19 = 0. 9 4 7 3 6 8 4 2 1 0 5 2 6 3 1 5 7 8 …

图 2

一个小魔术

在一张纸上并排画 11 个小方格，叫你的好朋友背对着你（让你看不到他在纸上写什么），在前两个方格中随便填两个 1 到 10 之间的数。从第 3 个方格开始，在每个方格里填入前两个方格里的数之和。让你的朋友一直算出第 10 个方格里的数。假如你的朋友一开始填入方格的数是 7 和 3，那么

前10个方格里的数分别是：

7	3	10	13	23	36	59	95	154	249

现在，叫你的朋友报出第10个方格里的数，稍作计算你便能猜出第11个方格里的数应该是多少。你的朋友会非常惊奇地发现，把第11个方格里的数计算出来，所得的结果与你的预测一模一样！

其实，仅凭借第10个数来推测第11个数的方法非常简单，你需要做的仅仅是把第10个数乘以1.618，得到的乘积就是第11个数了。在上面的例子中，由于249×1.618＝402.882≈403，因此你可以胸有成竹地断定，第11个数就是403。而事实上，154与249相加真的就等于403。

其实，不管最初两个数是什么，按照这种方式加下去，相邻两数之比总会越来越趋近于1.618——这个数正是传说中的“黄金分割”。

3 个神奇的分数

$\frac{1}{49}$化成小数后等于0.0204081632…，把小数点后的数字两位两位地断开，前五个数依次是2、4、8、16、32，每个数正好都是前一个数的两倍。

$\frac{100}{9899}$等于0.01010203050813213455…，两位两位地断开后，得到的正好是著名的斐波那契（Fibonacci）数列1，1，2，3，5，8，13，21，…，数列中的每一个项都是它前面两个项之和。

而$\frac{100}{9801}$则等于0.01020304050607080910111213141516171819202122 23…。

利用组合数学中的“生成函数”可以完美地解释这些现象产生的原因。

2. 最折磨人的数学未解之谜

数学之美不但体现在漂亮的结论和精妙的证明上，那些尚未解决的数学问题也有让人神魂颠倒的魅力。和哥德巴赫猜想、黎曼假设不同，有些悬而未解的问题趣味性很强，“数学性”却非常弱，乍看上去并没有触及深刻的数学理论，似乎是一道可以被瞬间秒杀的数学趣题，让数学爱好者们“不找到一个巧解就不爽”；但令人称奇的是，它们的困难程度却不亚于那些著名的数学猜想，这或许比各个领域中艰深的数学难题更折磨人吧。

3x + 1 问题

从任意一个正整数开始，重复对其进行下面的操作：如果这个数是偶数，把它除以 2；如果这个数是奇数，则把它扩大到原来的 3 倍后再加 1。序列是否最终总会变成 4，2，1，4，2，1，… 这种循环？

这个问题可以说是一个“坑”——乍看之下，问题非常简单，突破口很多，于是数学家们纷纷往里面跳；殊不知进去容易出来难，不少数学家到死都没把这个问题搞出来。已经中招的数学家不计其数，这可以从 $3x+1$ 问题的各种别名看出来：$3x+1$ 问题又叫科拉兹（Collatz）猜想、叙拉古（Syracuse）问题、角谷猜想、哈斯（Hasse）算法和乌拉姆（Ulam）问题等。后来，由于命名争议太大，干脆让谁都不沾光，直接叫做 $3x+1$ 问题算了。

$3x+1$ 问题不是一般地困难。这里举一个例子说明数列收敛有多么没规律。从 26 开始算起，10 步就掉入了“421 陷阱”：

26，13，40，20，10，5，16，8，4，2，1，4，2，1，…

但是，从 27 开始算起，数字会一路飙升到几千之大，你很可能会一度认为它脱离了“421 陷阱”。但是，经过上百步运算后，它还是跌了回来：

27，82，41，124，62，31，94，47，142，71，214，107，322，161，484，242，121，364，182，91，274，137，412，206，103，310，155，466，233，700，350，175，526，263，790，395，1186，593，1780，890，445，1336，668，334，167，502，251，754，377，1132，566，283，850，425，1276，638，319，958，479，1438，719，2158，1079，3238，1619，4858，2429，7288，3644，1822，911，2734，1367，4102，2051，6154，3077，9232，4616，2308，1154，577，1732，866，433，1300，650，325，976，488，244，122，61，184，92，46，23，70，35，106，53，160，80，40，20，10，5，16，8，4，2，1，4，2，1，…

196 问题

如果一个数正读反读都一样，我们就把它叫做“回文数”。随便选一个数，不断加上把它反过来写之后得到的数，直到得出一个回文数为止。例如，所选的数是 67，两步就可以得到一个回文数 484：

$$67 + 76 = 143$$
$$143 + 341 = 484$$

把 69 变成一个回文数则需要四步：

$$69 + 96 = 165$$
$$165 + 561 = 726$$
$$726 + 627 = 1353$$
$$1353 + 3531 = 4884$$

89 的“回文数之路”则特别长，要到第 24 步才会得到第一个回文数，8 813 200 023 188。

大家或许会想，不断地“一正一反相加”，最后总能得到一个回文数，这当然不足为奇了。事实似乎也确实是这样的——对于几乎所有的数，按照规则不断加下去，迟早会出现回文数。不过，196却是一个相当引人注目的例外。数学家们已经用计算机算到了3亿多位数，都没有产生过一次回文数。从196出发，究竟能否加出回文数来？196究竟特殊在哪儿？这至今仍是个谜。

随机01串的最长公共子序列

如果从数字序列 A 中删除一些数字就能得到数字序列 B ，我们就说 B 是 A 的子序列。例如，110是010010的子序列，但不是001011的子序列。两个序列的“公共子序列”有很多，其中最长的那个就叫做“最长公共子序列”。

随机产生两个长度为 n 的01序列，其中数字1出现的概率是 p，数字0出现的概率是 $1-p$。用 $C_p(n)$ 来表示它们的最长公共子序列的长度，用 C_p 来表示当 n 无穷大时 $\frac{C_p(n)}{n}$ 的极限值。

关于 C_p 的存在性，有一个非常巧妙的证明，然而这个证明仅仅说明了 C_p 存在，它没有给计算 C_p 带来任何有用的提示。

即使是 $C_{1/2}$ 的值，也没人能成功算出来。迈克尔·斯蒂尔（Michael Steele）猜想 $C_{1/2}=\frac{2}{1+\sqrt{2}}\approx 0.828\ 427$。后来，瓦克拉夫·克沃特尔（Vaclav Chvátal）和戴维·桑科夫（David Sankoff）证明了 $0.773\ 911<C_{1/2}<0.837\ 623$，看上去迈克尔·斯蒂尔的猜想似乎很可能是对的。2003 年，乔治·利克（George Lueker）证明了 $0.7880<C_{1/2}<0.8263$，推翻了迈克尔·斯蒂尔的猜想。

更糟的是，“当 $p=\frac{1}{2}$ 时 C_p 达到最小”似乎是一件很靠谱的事，但这个结论却无人能证明。

克拉科斯基数列

克拉科斯基（Kolakoski）数列是一个仅由 1 和 2 构成的数列，其中头 100 个数是：

1，2，2，1，1，2，1，2，2，1，2，2，1，

1，2，1，1，2，2，1，2，1，1，2，1，2，2，1，1，2，1，1，2，1，2，2，1，2，2，1，1，2，1，2，2，1，2，1，1，2，1，1，2，2，1，2，2，1，1，2，1，2，2，1，2，2，1，1，2，1，1，2，1，2，2，1，2，1，1，2，2，1，2，2，1，1，2，1，2，2，1，2，2，1，1，2，1，1，2，2，…

如果我们把连续的相同数看做一组的话，整个数列的定义就只有两句话：$a(1)=1$，$a(n)$ 表示第 n 组数的长度。注意，有了这几个条件，整个序列就已经唯一地确定了！$a(1)=1$ 就表明第一组数只有一个数（也就是它自己），因此下一个数必须换成 2，也就是 $a(2)=2$；而 $a(2)=2$ 又说明第二组数（也就是 $a(2)$ 所在的这组数）有两个数，因此 $a(3)$ 也等于 2；而 $a(3)=2$ 就表明第三组数的长度为 2，即数列接下来要有两个 1，等等。也就是说，这个数列完全是“自生成”的。更酷的说法则是，如果把每一组数用它的长度来替换，得到的仍然是这个数列本身。

关于克拉科斯基数列，我们知道些什么？很少。贝诺瓦·克罗伊特（Benoit Cloitre）发现，这个数列可以用递归式 $a(a(1)+a(2)+\cdots+a(k))=\frac{3+(-1)^k}{2}$ 来表达。德金（F. M. Dekking）证明了一个看上去更妙的结论：去掉数列最前面的 1，剩下的部分可以从 22 开始，每次按 22→2211，21→221，12→211，11→21 的规则两位两位地对数列进行替换，并不断迭代产生。不过，这些发现都不足以让我们更加深入地了解克拉科斯基数列。

克拉科斯基数列的第 n 项有非递归的公式吗？目前我们还不知道。已经出现过的数字串今后都还会再次出现吗？目前我们也不知道。还有，我们有理由猜想，数列中 1 和 2 的个数各占一半。图 1 显示的就是数列前 n 项中数字 1 所占的比例，可见我们的猜想很可能是对的。

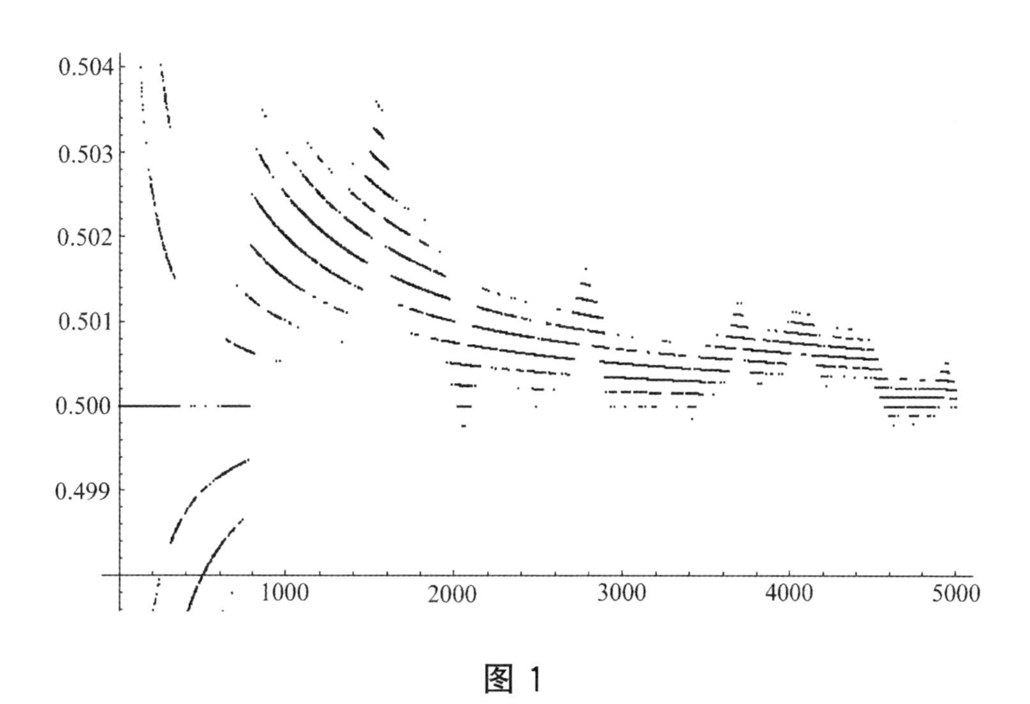

图 1

不过，目前还没有人能够证明这一点。而最近的一些研究表明，数字 1 的比例很可能不是 $\frac{1}{2}$。当然，还有第三种可能——这个极限可能根本不存在。

吉尔布雷思猜想

从小到大依次列出所有的质数：

2，3，5，7，11，13，17，19，23，29，31，…

求出相邻两项之差：

1，2，2，4，2，4，2，4，6，2，…

现在，再次求出所得序列中相邻两项之差，又会得到一个新的序列：

1，0，2，2，2，2，2，2，4，…

重复对所得序列进行这样的操作，我们还可以依次得到

1，2，0，0，0，0，0，2，…

1，2，0，0，0，0，2，…

1，2，0，0，0，2，…

1，2，0，0，2，…

大家会发现一个有趣的规律：每行序列的第一个数都是 1。

某日，数学家诺曼·吉尔布雷思（Norman L. Gilbreath）闲得无聊，在餐巾上不断对质数序列求

差，于是发现了上面这个规律。吉尔布雷思的两个学生对前64 419行序列进行了检验，发现这个规律始终成立。1958年，吉尔布雷思在一个数学交流会上提出了他的发现，吉尔布雷思猜想由此诞生。

这个规律如此之强，很少有人认为猜想不成立。1993年，安德鲁·奥德里兹科（Andrew Odlyzko）对10 000 000 000 000 以内的质数（也就是346 065 536 839行）进行了检验，也没有发现反例。

不过，这一看似简单的问题，几十年来硬是没人解决。

辛马斯特猜想

图2所示为杨辉三角[①]，其中数字1出现了无

① 又叫做帕斯卡（Pascal）三角，是一个由正整数构成的三角形数阵，其生成规律非常简单：每行左右两头的数都是1，中间的数都是它左上角的数和右上角的数之和。在代数和组合数学中，杨辉三角都有着非常重要的意义。如果把首行称做“第0行”(因而第二行就叫做“第1行”)，把每行的头一个数叫做“第0个数”(因而第二个数才是“第1个数”）的话，那么杨辉三角第m行的第n个数就等于（$1+x$）^{m}的展开式中的n次项系数，也是从m个不同物体中取出其中n个物体的方案数c_m^n。在后文中，我们还会提到杨辉三角。

穷多次。除了数字 1 以外，哪个数字出现的次数最多呢？6 出现了 3 次，不过不算多。10 出现了 4 次，不过也不算多。120 出现了 6 次，算多了吧？还不算多。目前已知的出现次数最多的数是 3003，它同时等于 C_{3003}^{1}、C_{3003}^{3002}、C_{78}^{2}、C_{78}^{76}、C_{15}^{5}、C_{15}^{10}、C_{14}^{6}、C_{14}^{8}，在杨辉三角中出现了 8 次。有没有出现次数更多的数，目前仍然是一个未解之谜。

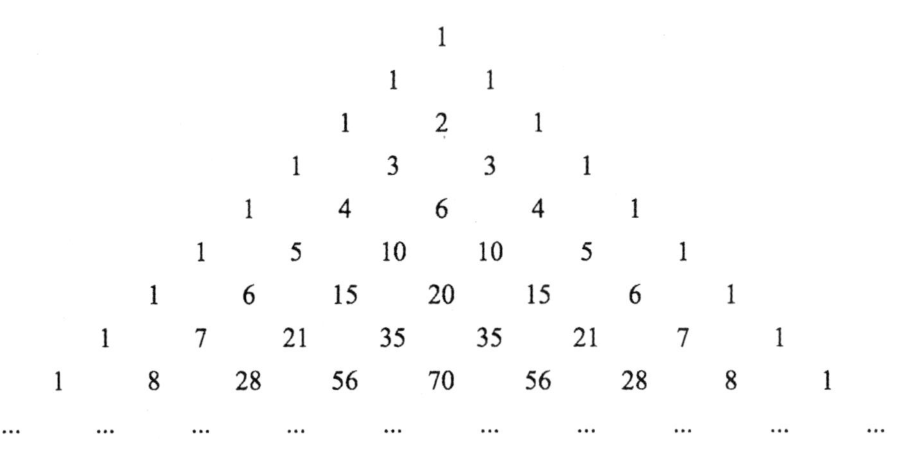

图 2

真正精彩的来了。如果把正整数 $a>1$ 在杨辉三角中出现的次数记做 $N(a)$，那么函数 $N(a)$ 是以什么级别上涨的呢？1971 年，戴维·辛马斯特（David Singmaster）证明了 $N(a)=O(\log a)$，即 $N(a)$ 最多是以对数级别上涨的。他同时猜想

$N(a)=O(1)$，即 $N(a)$ 有一个上限。这也就是辛马斯特猜想。由于我们一直没能找到出现次数超过 8 的数，因而这个上界很可能就是 8。不过，辛马斯特猜测这个上界更可能是 10 或者 12。

保罗·埃尔德什（Paul Erdős）[①] 认为，辛马斯特的猜想很可能是正确的，但证明起来会非常困难。目前最好的结果是，$N(a)=O\left(\frac{\log a \cdot \log\log\log a}{(\log\log a)^3}\right)$。

孤独的赛跑者

有一个环形跑道，总长为 1 个单位。n 个人从跑道上的同一位置出发，沿着跑道顺时针一直跑下去。每个人的速度都是固定的，但不同人的速度不

① 匈牙利数学家，在数学界极其活跃，一生中与数百人合作，发表过 1525 篇数学论文，是目前发表论文数最多的数学家。埃尔德什研究过很多数学谜题，并给出了异常漂亮的解答；但同时，他也遇到了很多至今仍未解决的数学难题，并立下了大大小小的悬赏。不过他坚信，上帝手中有一本书，书中记载了所有数学定理最精妙的证明。记住埃尔德什这个名字，我们后面还会反复提到他。

同。证明或推翻，对于每一个人，总会有一个时刻，他与其他所有人的距离都不小于 $\frac{1}{n}$。

这个问题是由威尔斯（J. M. Wills）在 1967 年提出的。乍看上去，这个问题无异于其他各种非常巧妙的初等组合数学问题，但不可思议的是，这个问题竟然直到现在仍没彻底解决。

当 $n=2$ 时，由于两人的速度不同，因此到了某个时刻，他们必然会位于环形跑道的两个对称位置上，他们到对方的距离都恰好等于 $\frac{1}{2}$，可见 $n=2$ 时命题是成立的。此后，数学家们先后证明了 $n=3$、$n=4$、$n=5$ 和 $n=6$ 的情形。直觉上，对于更大的 n，结论也应该成立，不过尚未有人证明。

双倍困难的排序问题

有 n 个盒子，从左至右依次编号为 1，2，…，n。第 1 个盒子里放两个编号为 n 的小球，第 2 个盒子里放两个编号为 $n-1$ 的小球，以此类推，第 n 个盒子里放两个编号为 1 的小球。每次你可以在相邻两个盒子中各取一个小球，交换它们的位置。为了把所有小球放进正确的盒子里，最少需要几次交换？

为了说明这个问题背后的陷阱，我们不妨先拿 $n=5$ 的情况做个例子。首先，如果每个盒子里只有一个球，问题就变成了经典的排序问题了：只能交换相邻元素，如何最快地把 5，4，3，2，1 变成 1，2，3，4，5？如果一个数列中前面的某个数反而比后面的某个数大，我们就说这两个数是一个“逆序对”。显然，初始情况下所有数对都是逆序对，$n=5$ 时逆序对共有 10 个。我们的目的就是要把这个数目减少到 0。而交换两个相邻的数只能消除一个逆序对，因此 10 次交换是必需的。

不过，题目中每个盒子里有两个球，那么是不是必须要交换 20 次才行呢？错！下面这种做法可以奇迹般地在 15 步之内完成排序。

55，44，33，22，11

54，54，33，22，11

54，43，53，22，11

54，43，32，52，11

54，43，32，21，51

54，43，21，32，51

54，31，42，32，51

41，53，42，32，51

41，32，54，32，51

41，32，42，53，51

41，32，42，31，55

41，32，21，43，55

41，21，32，43，55

11，42，32，43，55

11，22，43，43，55

11，22，33，44，55

第一次看上去似乎很不可思议，但细想一下还是能想明白的：同一个盒子里能够放两个数，确实多了很多新的可能。如果左边盒子里的某个数比右边某个盒子里的数大，我们就说这两个数构成一个逆序对；如果两个不同的数在同一个盒子里，我们就把它们视作半个逆序对。现在让我们来看看，一次交换最多能消除多少个逆序对。假设某一步交换把 ab 和 cd 变成了 ac 和 bd，最好的情况就是 bc 这个逆序对彻底消除了，同时 ac 和 bd 两个逆序对消除了一半，ab 和 cd 两个（已经消除了一半的）逆序对也消除了一半，因此一次交换最多可以消除 3 个逆序对。由于一开始每个盒子里的两个相同的数都会在中间的某个时刻分开来，最后又会合并在一起，因此我们可以把初始时两个相同的数也当做一个逆序对。这样的话，初始时每两个数都是逆序对，n 个盒子里将产生 C_{2n}^{2} 个逆序对。自然，我们至少需要 $C_{2n}^{2}/3$ 步才能完成排序。当 $n=5$ 时，$C_{2n}^{2}/3=15$，这就说明了上面给出的 $n=5$ 的排序方案是最优的。

这个分析太巧妙了，实在是让人拍案叫绝。只可惜，这个下界并不是总能达到的。当 $n=6$ 时，上述分析得出的下界是 22 步，但计算机穷举发现没有 23 步交换是不行的。于是，这个问题又变成了一个诱人的坑，至今仍未被填上。

曲线的内接正方形

证明或推翻，在平面中的任意一条简单封闭曲线上，总能找到 4 个点，它们恰能组成一个正方形。

这样一个看上去如此基本的问题，竟然没有被解决！目前，对于充分光滑的曲线，似乎已经有了肯定的结论；但对于任意曲线来说，这仍然是一个悬而未解的问题。平面上的曲线无奇不有，说不准我们真能精心构造出一种不满足要求的怪异曲线。

多面体的展开

证明或推翻，总可以把一个凸多面体沿着棱剪开，展开成一个简单的（也就是不与自身相交的）平面多边形。

这是一个看上去很“自然”的问题，或许大家在玩弄各种纸制包装盒的时候，就已经思考过这个问题了。现在，人们已经找到了不满足条件的凹多

面体，也就是说存在凹多面体，无论怎样展开它都会不可避免地得到与自身重叠的平面多边形。同时，确实也存在一些凸多面体，按照某种方式展开后，会得到与自身重叠的平面多边形。不过，对于某个凸多面体，任何一种方法都不能把它展开到一个平面上，这听上去似乎不大可能；然而，在数学上这一点却一直没被证明。

线段距离的频数

n 个点一共可以确定 C_n^2 条线段，而这个数正好等于 $1+2+3+\cdots+(n-1)$——在本套书的第四部分，大家将会看到 $C_n^2=1+2+3+\cdots+(n-1)$ 的一个非常漂亮的证明。于是我们想问，是否对于任意正整数 n，总能找出平面上处于一般位置（任意三点不共线、任意四点不共圆）的 n 个点，使得其中有一种长度的线段恰好出现了 1 次，有一种长度的线段恰好出现了 2 次，等等，一直到有一种长度的线段恰好出现了 $n-1$ 次？

当 $n=3$ 时，任意一个不是等边三角形的等腰三角形都满足要求。当 $n=4$ 时，可以先把其中三个点摆成一个等边三角形，第四个点则放在某一边的中垂线上，但不要让它与等边三角形的中心重合，于是就得到了图 3 所示的图形。这个图中线段的长度有 3 种，它们各出现了 1 次、2 次、3 次，因而正好满足要求。

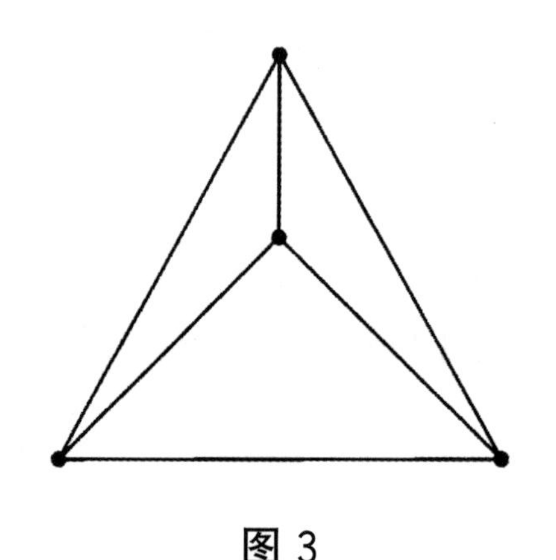

图 3

当 $n=5$ 时，这样的图形还存在吗？受很多与维度有关的几何命题的影响，或许很多人会认为，这样的图形只在更高维的空间中才存在吧。其实不然，在平面中也存在 $n=5$ 的解。图 4 就是一个简单的构造：$\triangle ABC$ 为等边三角形，O 为其中心，再以 A 为圆心，AB 为半径作弧，OB 的中垂线与这段弧相交于点 D。容易看出，$AB=BC=AC=$

AD，$AO=BO=CO$，$DB=DO$，只有 CD 的长度是独一无二的。这就是一个满足要求的图形。

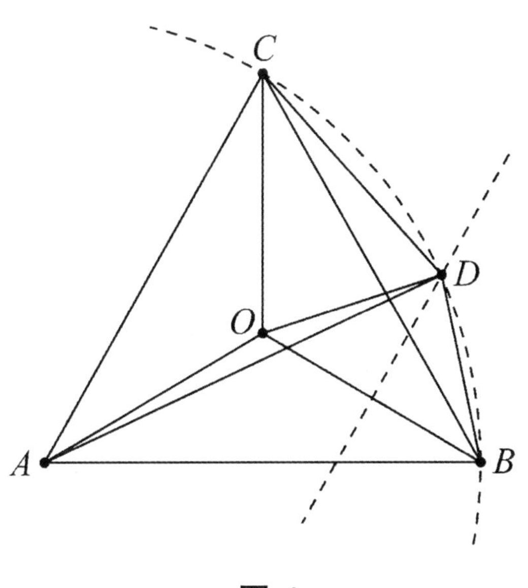

图 4

不但如此，人们还找到了 n 等于 6、7、8 时的解。图 5 就是 $n=8$ 时的一个解，大家可以验证一下。不过，继续往前探索的路偏偏就卡在了这里。对于 $n>8$ 的情况究竟是否有解，目前还没有一个定论。

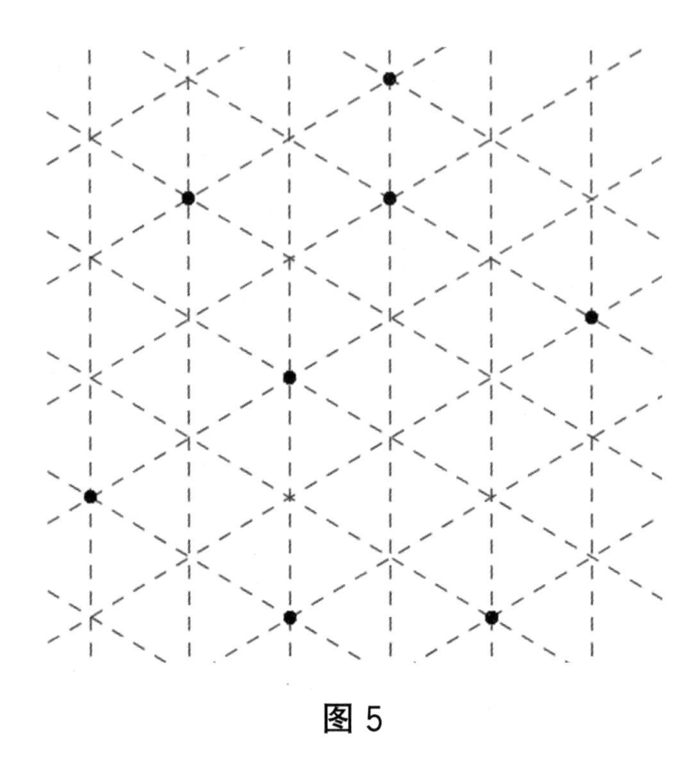

图 5

数学家们似乎更倾向于相信，当 n 足够大时，总会发生无解的情况。埃尔德什悬赏 50 美元征求当 n 足够大时问题无解的证明，同时悬赏 500 美元征求对任意 n 都适用的构造解。

库斯纳猜想

很多城市的交通系统都是由大量横纵街道交错构成的，纽约的曼哈顿区就是最为典型的例子。因此，在估算两地之间的距离时，我们往往不会直接去测量两地之间的直线距离，而会去考虑它们在横纵方向上一共相距多少个街区。在数学中，我们就把平面上两个点的横坐标之差与纵坐标之差的和叫做这两点之间的曼哈顿距离。例如，(0，0) 和 (3，4) 两点间的直线距离是 5，但曼哈顿距离则是 7。

这个定义可以很自然地推广到 n 维空间中去。定义 n 维空间中 $P(p_1, p_2, \cdots, p_n)$ 和 $Q(q_1, q_2, \cdots, q_n)$ 两点之间的曼哈顿距离为 $|p_1-q_1|+|p_2-q_2|+\cdots+|p_n-q_n|$，直观地说，就是在 n 维网格中从 P 到 Q 的最短路径长度。某日，网友木遥[①]告诉了我一个与此相关的数学未解之谜：在 n 维空间中，最多可以有多少个曼哈顿距离两两相等的点？

容易看出，这样的点至少可以有 $2n$ 个，例如三维空间中 (1，0，0) (-1，0，0) (0，1，0) (0，-1，0) (0，0，1) (0，0，-1) 就是满足要求的 6 个点。大家肯定会想，这应该就是点数最多的方案了吧？不过，真要证明起来可没那么容易。1983

① 木遥的博客地址为：http://blog.farmostwood.net。

年，罗伯特·库斯纳（Robert Kusner）猜想，n 维空间中曼哈顿距离两两相等的点最多也只能有 $2n$ 个，这也就是现在所说的库斯纳猜想。目前人们已经证明，当 $n \leqslant 4$ 时，库斯纳猜想是正确的。当 $n > 4$ 时呢？虽然大家相信这个猜想也应该是正确的，但还没有人能够证明。

有趣的是，在很多其他的度量空间下，同类型的问题却并没有这么棘手。如果把距离定义为标准的直线距离，那么 n 维空间中显然最多有 $n+1$ 个等距点；如果把距离定义为切比雪夫（Chebyshev）距离（即所有 $|p_i - q_i|$ 中的最大值），问题的解则是 2^n，即 n 维坐标系中单位立方体的 2^n 个顶点。一旦换作曼哈顿距离，问题就迟迟不能解决，这还真有些出人意料。

Thrackle 猜想

在纸上画一些点，再画一些点与点之间的连线，我们就把所得的图形叫做一个“图”。如果一个图的每根线条都与其他所有线条恰好相交一次（顶点处相接也算相交)，那么就把这个图叫做一个 thrackle。图 6 显示的就是三个满足要求的 thrackle，注意到它们的线条数量都没有超过顶点的数量。问，是否存在线条数大于顶点数的 thrackle?

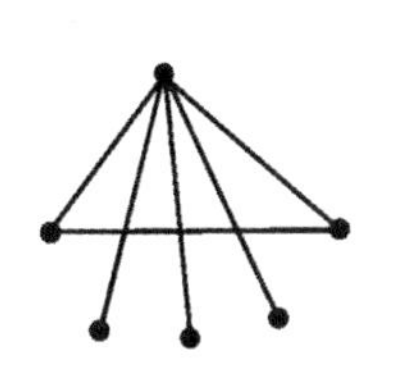

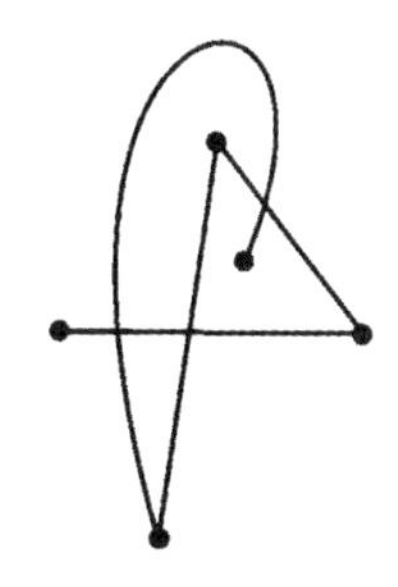

图 6

这个问题是由数学家约翰·康威提出来的。这明显又是一个坑，看到这个问题谁都想试试，然后就纷纷崩溃掉。康威悬赏 1000 美元征解，可见这个问题有多么不容易。目前已知的最好的结果是，一个 thrackle 的线条数不会超过顶点数的 $\frac{167}{117}$ 倍。

拉姆齐问题

有这么一个定理：6 个人参加一个聚会，其中某些人之间握过手，那么一定存在 3 个人互相之间都握过手，或者 3 个人互相之间都没握过手。我们可以借助鸽笼原理[①]很快证明这个结论。选出其中一个人 A，然后把剩下的 5 个人分成 2 组：和 A 握过手的，以及没和 A 握过手的。显然，其中一组至少有 3 个人。不妨假设和 A 握过手的那一组至少有 3 个人吧。（在另一种情况下，下述推理同样适用。）把这一组里的 3 个人分别记作 B、C、D（如果这一组的人数大于 3，任意选 3 个人就行了）。如果 B、C、D 这 3 个人之间有 2 个人握过手，那么这 2 个人和 A 就成了互相之间握过手的 3 人组；如果 B、C、D 这 3 个人之间都没握过手，那么他们本身就成了互相之间都没握过手的 3 人组。

1930 年，英国数学家弗兰克·拉姆齐（Frank Ramsey）证明了一个更强的结论：给定两个正整数 r 和 s，总能找到一个 n，使得一场 n 人聚会中，

---

① 假设有 n 只鸽子飞回 m 个笼子，如果 $n>m$ 的话，那么一定有至少一个笼子，它里面有不止一只鸽子。事实上，至少有一个笼子，它里面有不少于$\lceil \frac{n}{m} \rceil$只鸽子，其中$\lceil x \rceil$表示大于等于 x 的最小整数。鸽笼原理是组合数学中的一个重要工具，今后我们还会用到。

或者存在 r 个人互相之间都握过手，或者存在 s 个人互相之间都没握过手。我们把满足条件的最小的 n 记作 $R(r, s)$。

前面我们已经证明了，6 个人足以产生互相都握过手的 3 个人或者互相都没握过手的 3 个人，也就是说 $R(3, 3) \leqslant 6$。但 5 个人是不够的，比方说只有 A 和 B、B 和 C、C 和 D、D 和 E、E 和 A 之间握手，容易看出不管选哪 3 个人，握过手的和没握过手的总是并存的 。因此，$R(3, 3)$ 精确地等于 6。

求出 $R(r, s)$ 的精确值出人意料地难。目前已经知道 $R(4, 4)=18$，但对于 $R(5, 5)$，我们只知道它介于 43 到 49 之间，具体的值至今仍未求出来。如果要用计算机硬求 $R(5, 5)$，则计算机需要考虑的情况数大约在 10^{300} 这个数量级，这是一个不可能完成的任务。而 $R(6, 6)$ 就更大了，目前已知它在 102 到 165 的范围内。它的准确值是多少，恐怕我们永远都不可能知道了。

埃尔德什曾经说过，假如有一支异常强大的外星人军队来到地球，要求人类给出 $R(5, 5)$ 的准确值，否则就会摧毁地球，那么他建议，此时我们应该集结全世界所有数学家的智慧和全世界所有计算机的力量，试着求出 $R(5, 5)$ 来。但是，假如外星人要求人类给出 $R(6, 6)$ 的准确值，那么他建议，我们应该试着摧毁外星人军队。

维恩图并不简单

给定 n 个集合后，每一个元素都拥有了自己的位置。比方说，若有“质数”“两位数”“个位是 3 的数”这 3 个集合，则 31 就只属于前两个集合，而 102 则不属于任一个集合。我们往往会像图 7 左边那样，把这些集合抽象成一个个圆圈并画在同一平面上，然后把各个元素填入图中适当的区域，从而直观地展示出每个元素的所属情况。这样的图就叫做维恩（Venn）图。为了展示出由这 n 个集合产生的所有关系，维恩图需要有 2^n 个区域（包括最外面的那个区域）。

画惯了 3 个集合的维恩图，很多人都会认为，像图 7 右边那样把 4 个圆圈画成一朵花，就是 4 个集合的维恩图了。其实这是不对的——4 个圆只能产生 14 个区域，而 4 个集合将会交出 16 种情况。如果把 4 个圆圈像图 7 右边那幅图一样排列，就少了 2 个区域：只属于左下角的圆和右上角的圆的区域，以及只属于左上角的圆和右下角的圆的区域。

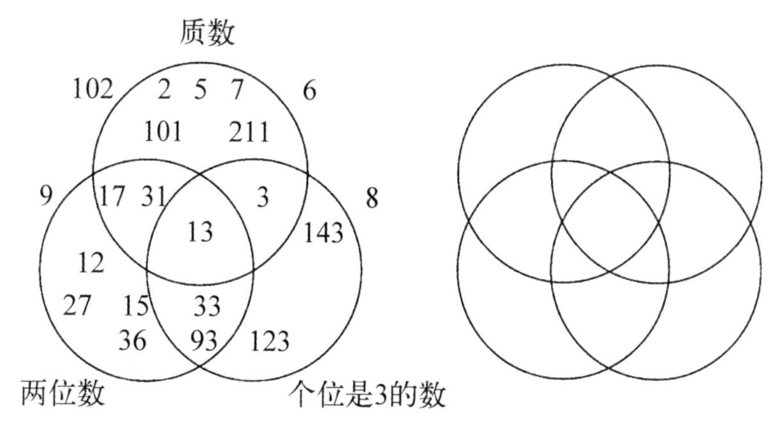

图 7

那么，是不是 4 个集合的维恩图就没法画了呢？也不是。如果你不是一个完美主义者，你可以像图 8 那样，把 3 个集合的维恩图扩展到 4 个集合；虽然看上去非常不美观，但是从拓扑学的角度来说，只要逻辑上正确无误，谁管它画得圆不圆呢。

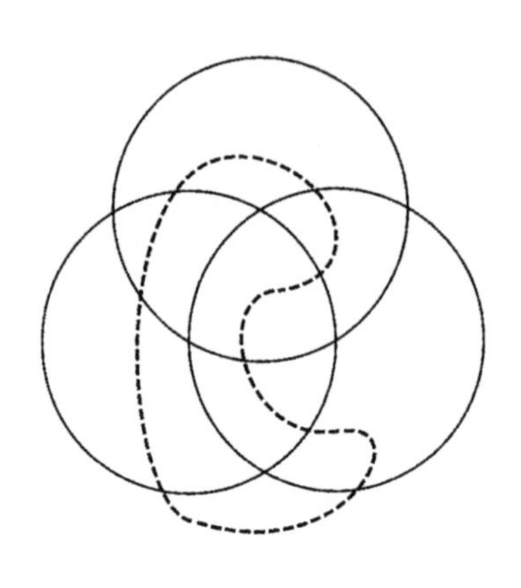

图 8

大家会自然而然地想到一个问题：这个图是否还能继续扩展成 5 个集合的维恩图呢？更一般地，是否随便什么样的 n 个集合的维恩图都可以扩展到 $n+1$ 个集合呢？

令人难以置信的是，这个问题竟然还没被解决！事实上，对满足各种条件的维恩图的研究是一个经久不衰的话题，与维恩图相关的猜想绝不止这一个。

遍历所有的“中间子集”

证明或推翻，你可以通过每次添加或者删除一个元素，循环遍历集合 $\{1, 2, \cdots, 2n+1\}$ 的所有

大小为 n 或 $n+1$ 的子集。例如，当 $n=2$ 时，你可以通过以下路径循环遍历 {1，2，3，4，5} 的所有包含 2 个元素或者 3 个元素的子集：

{1，2} → {1，2，3} → {1，3} → {1，3，4} → {1，4} → {1，2，4} → {2，4} → {2，4，5} → {4，5} → {1，4，5} → {1，5} → {1，3，5} → {3，5} → {3，4，5} → {3，4} → {2，3，4} → {2，3} → {2，3，5} → {2，5} → {1，2，5} → {1，2}

看完上面的这段内容，我可以想象你已经有一种克制不住的冲动，拿起铅笔和草稿纸，或者跑到电脑前，开始寻找 n 不大时的规律。这可以说是本文的所有问题中最大的一个坑了——这个问题极具诱惑性，任何人第一次看到这个问题时都会认为存在一种对所有 n 都适用的构造解，于是众人一个接一个地往坑里跳，拦都拦不住。

几乎没有人认为这个猜想是错误的。目前计算机已经验证了，当 $n \leqslant 17$ 时，猜想都是成立的。从已有数据来看，随着 n 的增加，遍历这些子集的方案数不但也随之增加，而且增加得非常快。到了某个 n，方案数突然跌到了 0，这明显是一件极不可能发生的事。但是，几十年过去了，却没有人能够证明它！

出现次数超过一半的元素

令 U 是一个有限集合，S_1，S_2，…，S_n 都是 U 的非空子集，它们满足任意多个集合的并集仍然在这些集合里。证明，一定能找到某个元素，它在至少一半的集合里出现。

不可思议，即使是最基本最离散的数学研究对象——有限集合——里面，也有让人崩溃的未解问题。

1999 年，彼达斯·沃伊奇克（Piotr Wojcik）用一种非常巧妙的方法证明了，存在一个元素在至少 $\frac{n}{\log_2 n}$ 个集合里出现。不过，这离目标还有很长一段距离。

3. 那些神秘的数学常数

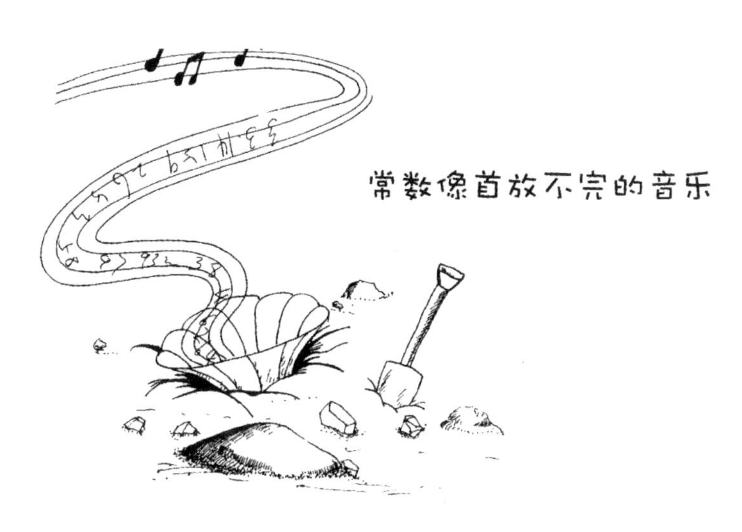

我一直觉得，数学中的各种常数是最令人敬畏的东西，它们似乎是宇宙诞生之初上帝就已经精心选择好了的。那一串无限不循环的数字往往会让人陷入一种无底洞般的沉思——为什么这串数字不是别的，偏偏就是这个样呢？除了那些众所周知的基本常数之外，还有很多非主流的数学常数，它们的存在性和无理性同样给它们赋予了浓重的神秘色彩。现在，就让我们一起来看一看数学当中到底有哪些神秘的常数。

$\sqrt{2}\approx 1.414\ 213\ 562\ 373\ 095\ 048\ 8$

古希腊的大哲学家毕达哥拉斯（Pythagoras）很早就注意到了数学与大千世界的联系，对数学科学的发展有着功不可没的贡献。他还创立了在古希腊影响最深远的学派之一——毕达哥拉斯学派。毕达哥拉斯学派对数字的认识达到了审美的高度。他们相信，在这个世界中“万物皆数”，所有事物都可以用整数或者整数之比来描述。

然而，毕达哥拉斯学派的一位叫做希帕索斯（Hippasus）的学者却发现，边长为 1 的正方形，对角线的长度不能用整数之比来表示。这一发现无疑触犯了学派的信条，因此希帕索斯的命运非常悲惨，最后被溺死在大海里。与此有关的历史记载非常模糊，因此后人开始添油加醋，演绎出了这段故事的诸多版本，希帕索斯为何而死也是众说纷纭。不管怎样，希帕索斯都被人们视为了发现无理数的第一人。

利用勾股定理可知，边长为 1 的正方形，对角线的长度就是方程 $x^2=2$ 的唯一正数解，我们通常把它记作 $\sqrt{2}$。$\sqrt{2}$ 可能是最具代表性的无理数了，证明它的无理性有很多种方法。最常见的一种就是下面这个反证法：假设 $\sqrt{2}$ 可以表示成 $\frac{q}{p}$，并且假设 $\frac{q}{p}$ 已经是一个最简分数了。那么 $\left(\frac{q}{p}\right)^2=2$，即 $q^2=2p^2$。这说明 q^2 是个偶数。由于只有偶数的平方才能等于偶数，因此 q 一定是偶数。q 是偶数就说明 q^2 能被 4 整除，等式两边约掉一个 2，可见 p^2 也是偶数，从而 p 是偶数。这样，p 也是偶数，q 也是偶数，那么 p 和 q 就还可以继续约分，与我们的假设矛盾。

证明还可以更简单一些。同样假设 $\frac{q}{p}$ 已经是最简分数了，那么 $\left(\frac{q}{p}\right)^2=2$，也就是 $q^2=2p^2$。注意到等式的左边是一个平方数，它只能以 0、1、4、

5、6 结尾；等式的右边是一个平方数的两倍，它的末位则只可能是 0、2、8。然而 q^2 和 $2p^2$ 是相等的，因此它们必须都以 0 结尾。这说明，p^2 和 q^2 里一定都含有因子 5，从而 p 和 q 本身也都含有因子 5，这说明 $\frac{q}{p}$ 可以继续约分，与假设矛盾。

我们还有一些更帅的方法来证明，$q^2 = 2p^2$ 没有正整数解。比方说，注意到，如果对一个平方数分解质因数，它必然有偶数个质因数（x^2 的所有质因数就是把 x 的质因数复制成两份）。于是，q^2 有偶数个质因数，p^2 也有偶数个质因数，$2p^2$ 就有奇数个质因数。等号左边的数有偶数个质因数，等号右边的数有奇数个质因数，这显然是不可能的，因为同一个数只有一种分解质因数的方法①。

无理数的出现推翻了古希腊数学体系中的一个最基本的假设，冲击了古希腊哲学中离散的世界

---

① 这并不是显然成立的，它是一个需要严格证明的定理。这叫做“算术基本定理”，有时也叫做“唯一分解定理”。

观，引发了数学史上的第一次数学危机。

无理数虽说“无理”，但在生产生活中的用途却相当广泛。量一量你手边的书本杂志的长与宽，你会发现它们的比值都约为1.414。这是因为通常印刷用的纸张都满足这么一个性质：把两条较短边对折到一起，得到一个新的矩形，则新矩形的长宽之比和原来一样。因此，如果原来的长宽比为$x:1$，新的长宽比就是$1:\frac{x}{2}$。解方程$x:1=1:\frac{x}{2}$就能得到$x=\sqrt{2}$。

圆周率π≈3.141 592 653 589 793 238 5

不管圆有多大，它的周长与直径的比值总是一个固定的数。我们就把这个数叫做圆周率，用希腊字母π来表示。人们很早就认识到了圆周率的存在，对圆周率的研究甚至可以追溯到公元前。从那以后，人类对圆周率的探索就从未停止过。几千年过去了，人类对圆周率的了解越来越多，却一直被圆周率是否有理的问题所困扰。直到1761年，德国数学家朗伯（Lambert）才证明了 π 是无理数。

π 是数学中最基本、最重要、最神奇的常数，它常常出现在一些与几何毫无关系的场合中。例如，全体正整数的平方的倒数和就会收敛到一个与 π 有关的数值：

$$\frac{1}{1^2}+\frac{1}{2^2}+\frac{1}{3^2}+\cdots=\frac{\pi^2}{6}$$

而任意取出两个正整数，则它们互质（最大公约数为 1）的概率为 $\frac{6}{\pi^2}$，恰好是上面这个算式答案的倒数。

自然底数 e≈2.718 281 828 459 045 235 4

在 17 世纪末，瑞士数学家伯努利（Bernoulli）注意到了一个有趣的现象：当 x 越大时，$\left(1+\frac{1}{x}\right)^x$ 将会越接近某个固定的数：

$$\left(1+\frac{1}{100}\right)^{100}\approx 2.704\ 81$$

$$\left(1+\frac{1}{1000}\right)^{1000} \approx 2.716\ 92$$

$$\left(1+\frac{1}{10000}\right)^{10\ 000} \approx 2.718\ 15$$

18世纪的大数学家欧拉（Euler）仔细研究了这个问题，并第一次用字母 e 来表示当 x 无穷大时 $\left(1+\frac{1}{x}\right)^{x}$ 的值。他不但求出了 $e \approx 2.718$，还证明了 e 是无理数。e 的用途也十分广泛，很多公式里都有 e 的身影。比方说，如果把前 n 个正整数的乘积记作 n！，则有斯特林（Stirling）近似公式 $n! \approx \sqrt{2\pi n} \cdot \left(\frac{n}{e}\right)^{n}$。在微积分中，无理数 e 更是大显神通，e^{x} 的导数竟然是它本身，这使得 e 也成为了高等数学中最重要的无理数之一。

在数学中还有一个奇妙的常数 i，它叫做“虚数单位”，简单地说也就是 $\sqrt{-1}$ 的意思。虽然 $\sqrt{-1}$ 看上去非常不合理，但若承认它的存在，所有的 n 次多项式都会有恰好 n 个根（包括重根），数系瞬间变得如同水晶球一般完美。可以说，圆周率 π、自然底数 e 和虚数单位 i 是数学中最基本的三个常数。有一个等式用加法、乘法、乘方这三种最基础的运算，把这三个最基本的常数以及两个最基本的数字（0 和 1）联系在了一起，没有任何杂质，没有任何冗余，漂亮到了神圣的地步：

$$e^{\pi i}+1=0$$

这个等式也是由欧拉发现的，叫做“欧拉恒等式”。《数学情报》（*The Mathematical Intelligencer*）杂志曾举办过一次读者投票活动，欧拉恒等式被评选为“史上最美的公式”。

欧拉常数 γ≈0. 577 215 664 901 532 860 6

第一次看到调和级数 $1+\frac{1}{2}+\frac{1}{3}+\frac{1}{4}+\cdots$，很多人都以为它会收敛到一个固定的值。其实，这个级数是发散的，无限地加下去，和也将会变得无穷大。我们很容易证明这一点：把 $\frac{1}{3}$ 和 $\frac{1}{4}$ 都缩

小到 $\frac{1}{4}$，把 $\frac{1}{5}$ 到 $\frac{1}{8}$ 这 4 个数都缩小到 $\frac{1}{8}$，把接下来的 8 个数都缩小到 $\frac{1}{16}$，等等，可以看出数列仍然是发散的——因为这相当于有无穷多个 $\frac{1}{2}$ 在相加。因此，我们不但证明了 $1+\frac{1}{2}+\frac{1}{3}+\frac{1}{4}+\cdots$ 的发散性，还证明了数列的前 n 项之和一定大于 $\frac{1}{2}\cdot\log_2 n$。

虽然调和级数是发散的，但它发散的速度非常慢。把 $\frac{1}{2}$ 和 $\frac{1}{3}$ 都放大到 $\frac{1}{2}$，把 $\frac{1}{4}$ 到 $\frac{1}{7}$ 这 4 个数都放大到 $\frac{1}{4}$，把接下来的 8 个数都放大到 $\frac{1}{8}$，等等，可见前 n 项之和不会超过 $\log_2 n$ 个 1 相加。按此估算，数列的前 1 000 000 项之和也不到 20。

注意，$1+\frac{1}{2}+\frac{1}{3}+\frac{1}{4}+\cdots$ 的前 n 项之和夹在了 $\frac{1}{2}\cdot\log_2 n$ 和 $\log_2 n$ 之间，这表明它一定是对数级增

加的。随着 n 的增加，$1+\frac{1}{2}+\frac{1}{3}+\frac{1}{4}+\cdots+\frac{1}{n}$ 将会越来越接近于 $\ln n$。1735 年，欧拉首次发现，当 n 增加到无穷大时，$1+\frac{1}{2}+\frac{1}{3}+\frac{1}{4}+\cdots+\frac{1}{n}$ 和 $\ln n$ 之间的差将收敛于一个固定的值。这个值就被命名为欧拉常数，用希腊字母 γ 来表示，它约等于 0.5772。

有趣的是，虽然大家都认为欧拉常数一定是无理数，但到目前为止还没有人能够证明这一点。现在已经知道，如果欧拉常数是有理数的话，它的分母至少是 $10^{242\,080}$。

黄金分割 $=\frac{1+\sqrt{5}}{2}\approx 1.618\,033\,988\,749\,894\,848\,2$

把一条线段分成两段，分割点在什么位置时最为美观？分在中点处，似乎太对称了不好看；分在三等分点处，似乎又显得有些偏了。人们公认，最完美的分割点应该满足这样一种性质：较长段与较短段的长度比，正好等于整条线段与较长段的长度比。这个比值就叫做黄金分割，用希腊字母 φ 来表示。若令线段的较短段的长度为 1，则 φ 就满足方程 $\varphi=\frac{1+\varphi}{\varphi}$，可解出 $\varphi=\frac{1+\sqrt{5}}{2}$。

在美学中，黄金分割有着不可估量的意义。在那些最伟大的美术作品中，每个细节的构图都充分展示了黄金分割之美。在人体中，黄金分割也无处不在——肘关节就是整只手臂的黄金分割点，膝关节就是整条腿的黄金分割点，而肚脐则位于整个人体的黄金分割点处。

在数学中，黄金分割 φ 也展示出了它的无穷魅力。例如，在图 1 所示的正五角星中，同一条线上三个点 A、B、C 就满足 $AB:BC=\varphi$。在第 12 节讲到的 8 个算术游戏中，φ 也出现在了一个出人意料的地方。

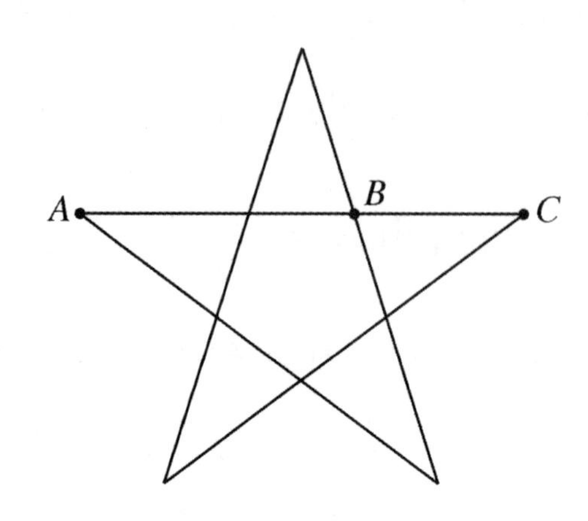

图 1

辛钦常数 K≈2.685 452 001 065 306 445 3

每个实数都能写成 $a_0+\cfrac{1}{a_1+\cfrac{1}{a_2+\cdots}}$ 的形式，其中 a_0， a_1， a_2， …都是整数。我们就把［a_0； a_1，a_2，a_3，…］叫做该数的连分数展开。比方说，π 是一个比 3 多一点点的数，大概比 3 多 $\frac{1}{7}$ 吧。但是，这个分母 7 还不够准确。事实上 π 是一个小于 $3+\frac{1}{7}$ 但是大于 $3+\frac{1}{8}$ 的数，也就是说刚才那个分母

应该比 7 要大一点点，因此 π 可以表示成 $3+\frac{1}{7+\cdots}$。继续计算我们还能得出更具体的结果，π 约为 $3+\frac{1}{7+\frac{1}{15}}$，但是那个分母 15 比精确值还稍微小了一些，因此 π 可以写作 $3+\frac{1}{7+\frac{1}{15+\cdots}}$。省略的部分又可以写成多少多少分之一的形式，其中分母又可以拆成一个整数部分加上一个小数部分。不断这样做下去，我们就得到了 π 的连分数展开：[3；7，15，1，292，1，…]。

和小数展开比起来，连分数展开具有更加优雅漂亮的性质，这使得连分数成为了数学研究中的必修课。

在 1964 年出版的一本连分数数学课本中，数学家辛钦（Khinchin）证明了这样一个惊人的结论：除了有理数和二次整系数方程的根等特殊情况以外，几乎所有实数的连分数展开序列的几何平均数都收敛到一个相同的数，它约为 2.685 452。例如，圆周率 π 的连分数展开序列中，前 20 个数的几何平均数约为 2.628 19，前 100 个数的几何平均数则为 2.694 05，而前 1 000 000 个数的几何平均数则为 2.684 47。

目前，人们对这个神秘常数的了解并不太多。虽然辛钦常数很可能是无理数，但这一点至今仍未被证明。而辛钦常数的精确值也并不容易求出。1997 年，戴维·贝利（David Bailey）等人对一个收敛极快的数列进行了优化，但也只求出了辛钦常数的小数点后 7350 位。

康威常数 $\lambda \approx$ 1.303 577 269 034 296 391 3

你能找出下面这个数列的规律吗？

1，

11，

21，

1211，

111221，

312211，

13112221，

1113213211，

…

这个数列的规律简单而又有趣。数列中的第一个数是1。从第二个数开始，每个数都是对前一个数的描述：第二个数11就表示它的前一个数是“1个1”，第三个数21就表示它的前一个数是“2个1”，第四个数1211就表示它的前一个数是“1个2，1个1”……这个有趣的数列就叫做“外观数列”（look-and-say sequence）。

外观数列有很多有趣的性质。例如，数列中的数虽然会越来越长，但数字4永远不会出现。1987年，约翰·康威发现，在这个数列中，相邻两数的长度之比越来越接近一个固定的数。最终，数列的长度增长率将稳定在一个约为1.303 577的常数上。康威把这个常数命名为康威常数，并用希腊字母λ

表示。康威证明了 λ 是无理数，它是某个 71 次方程的唯一实数解。

钱珀瑙恩常数 $C_{10} \approx 0.123\,456\,789\,101\,112\,131\,4$

把全体正整数从小到大依次写成一排，并在最前面加上小数点，便得到了一个无限小数 0.1234567891011121314…。这个数是由英国统计学家钱珀瑙恩（Champernowne）于 1933 年构造出来的，他把它命名为钱珀瑙恩常数，用符号 C_{10} 表示。与其他的数学常数相比，钱珀瑙恩常数有一个很大的不同之处：这个数仅仅是为了论证一些数学问题而人为定义出来的，它并未描述任何一个数学对象。

钱珀瑙恩常数有很多难能可贵的性质。首先，容易看出它是一个无限不循环小数，因此它也就是一个无理数。其次，它还是一个“超越数”，意即它不是任何一个整系数多项式方程的解。它还是一个“正规数”，意即每一种数字或者数字组合出现的机会都是均等的。在众多数学领域中，钱珀瑙恩常数都表现出了其非凡的意义。

4. 奇妙的心电图数列

发现数学结论的过程，无疑比数学结论本身更美妙。当你见到一个全新的几何构造，一个全新的运算法则，或者一个全新的函数定义时，不妨深入研究下去，几乎总会有惊喜发生。在这一节中，我们将从一个简单的数列出发，挖掘出越来越多的定理和猜想，体验数学发现的乐趣。

心电图数列（EKG Sequence）的定义简单而有趣：第一项为 1，第二项为 2，以后的每一项都是最小的和前一项不互质并且不曾出现过的数。换句话说，数列 $a(1)=1$，$a(2)=2$，且当 $n>2$ 时取 $a(n)$ 为所有满足以下两个条件的数中最小的那一个：该数与 $a(n-1)$ 有大于 1 的公因数，并且该数与前面 $n-1$ 项都不相等。心电图数列的前面 20 项为

1，2，4，6，3，9，12，8，10，5，15，18，14，7，21，24，16，20，22，11，…

为什么把它叫做心电图数列呢？原因很简单——因为把它描绘在图像上时，看上去像一张心电图（见图 1）。

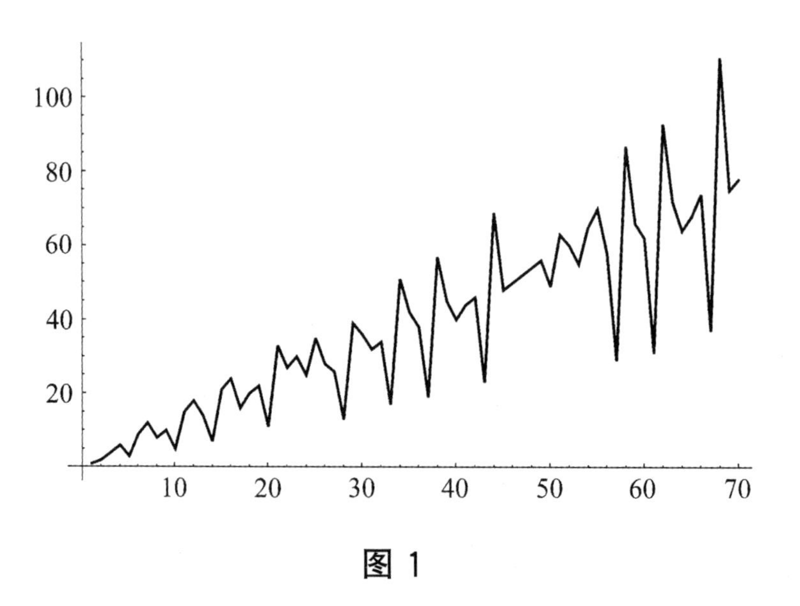

图 1

心电图数列有很多有趣的性质。例如，考虑某个质数 p，假设数列中第一个含有质因数 p 的数是 $t \cdot p$。根据定义，$t \cdot p$ 和它的前一项有一个公因数。显然这个公因数不可能是 p，因为 $t \cdot p$ 才是质因数 p 在数列中首次出现的地方；因而，这个公因数只能是 t 或者 t 的因数。由于 $t \cdot p$ 满足最小性，因此我们可以进一步得出，t 是$t \cdot p$ 前一项的最小质因数。我们还可以推算出 $t \cdot p$ 的后一项。$t \cdot p$ 的后一项要么就是p，要么就是某个比 p 小的t 的倍数。但后者是不可能的，如果存在某个 t 的倍数比 p 小而之前又没出现过，那$t \cdot p$ 这一项本身就不会是$t \cdot p$ 了，而将由这个 t 的倍数取代。因此，$t \cdot p$ 的后一项一定是 p。我们还可以看出，只要 $t \neq 2$，这个 p 的后一项就一定是 $2p$；而当 $t=2$ 时，p 的后一项就只能是 $3p$ 了。也就是说，如果数列中出现了一个质数 p，那么 $2p$ 不是它的前一项就一定是它的后一项。

有意思的是，除了 $p=2$ 以外，目前我们还没有找到 $2p$ 出现在 p 后面的情况。换句话说，人们发现，对于数列中的每个奇质数 p，它的前一项无一例外地都是 $2p$，并且后面总是跟着 $3p$。证明或推翻这个猜想并不容易，直到最近几年才出现有关它的证明。很大程度上来说，这是整个数列呈心电图模样的最关键原因。

心电图数列有一个很漂亮的数学事实：所有的

自然数都出现在了这个数列中。由这个数列的定义，每个数最多也只能出现一次。因此，心电图数列是全体自然数的一个排列。这个结论的证明堪称经典。首先我们证明引理 1：如果数列中有无穷多项都是某个质数 p 的倍数，那么 p 的任意一个倍数都出现在了数列中。证明的基本思路是反证。无妨假定 $k \cdot p$ 是最小的不在数列中的 p 的倍数，那么我们总能找到一个充分大的 N，使得从第 N 项开始所有数都不小于 $k \cdot p$。然而数列中有无穷多项都是 p 的倍数，因此在第 N 项后面一定能找到一个 p 的倍数，这个数的下一项就只可能是 $k \cdot p$ 了，矛盾。

我们可以故技重施，继续证明引理 2：如果某个质数 p 的任意一个倍数都出现在了数列中，那么所有正整数都出现在了数列中。反证，假设 k 是最小的不在数列中的数，我们总能找到一个充分大的 N，使得从第 N 项起后面的所有数都不小于 k。由于质数 p 的任一倍数都在数列里，因此 $k \cdot p$ 的任一倍数都在数列里，即数列中有无穷多项都是 k

的倍数。那么，第 N 项之后一定存在一个 k 的倍数，它的下一项就只可能是 k 了，矛盾。

接下来就是最妙的地方了。我们可以利用上面两个引理立即得知，所有正整数都出现在了数列中。假设数列中所有项的所有质因数只有有限多种，由于整个数列有无穷多个数，因此至少有一种质因数出现了无穷多次，由引理 1 可知这个质因数的所有倍数都在数列里，由引理 2 可知所有正整数都出现在了数列中，与“质因数只有有限多种”的假设矛盾。因此，数列中包含有无穷多种质因数。而前面说过，数列中第一个含有质因数 p 的项，其下一项一定是质数 p。因此，数列中出现了无穷多个质数。而质数 p 的前一项或者后一项必有一个是 $2p$，因此质因数 2 出现了无数多次。由引理 1 可知 2 的所有倍数都在数列里。由引理 2 可知所有正整数都在数列中了。

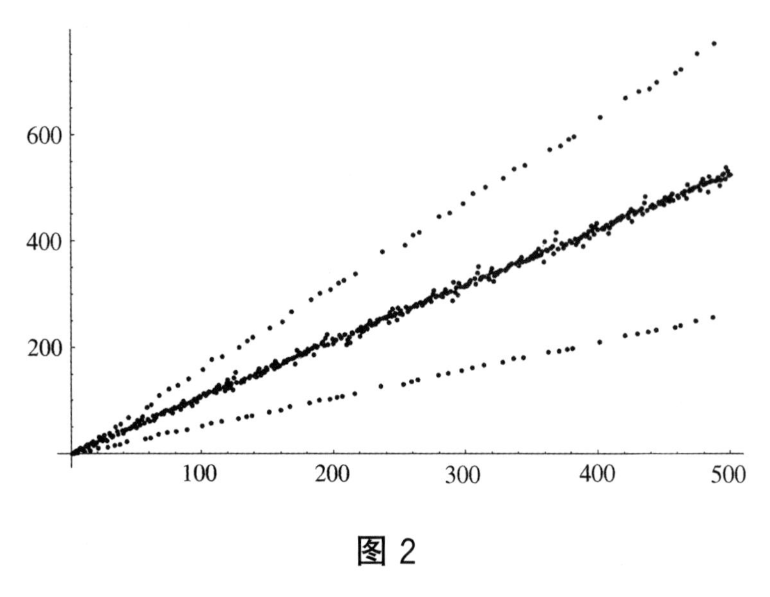

图 2

心电图数列还有很多优美的性质和尚未解决的猜想。如图 2 所示，把前面 500 多个数描绘在图像上，容易看出整个图像大致成三条斜线，其中两条稀疏的线明显是由形如 p 和 $3p$ 的数组成。于是有人猜想，如果把所有 p 和 $3p$ 都变成 $2p$，整个数列在渐近意义上与 $f(n)=n$ 等价。

由此我们又想到一个问题，既然 $a(n)$ 与 n 相差不远，那么它们之间的大小关系究竟如何？作出 $a(n)-n$ 的图像（见图 3），我们立即得出一个新的猜想：排除 $a(n)$ 为质数的情况，则几乎所有 $a(n)$ 都大于 n。

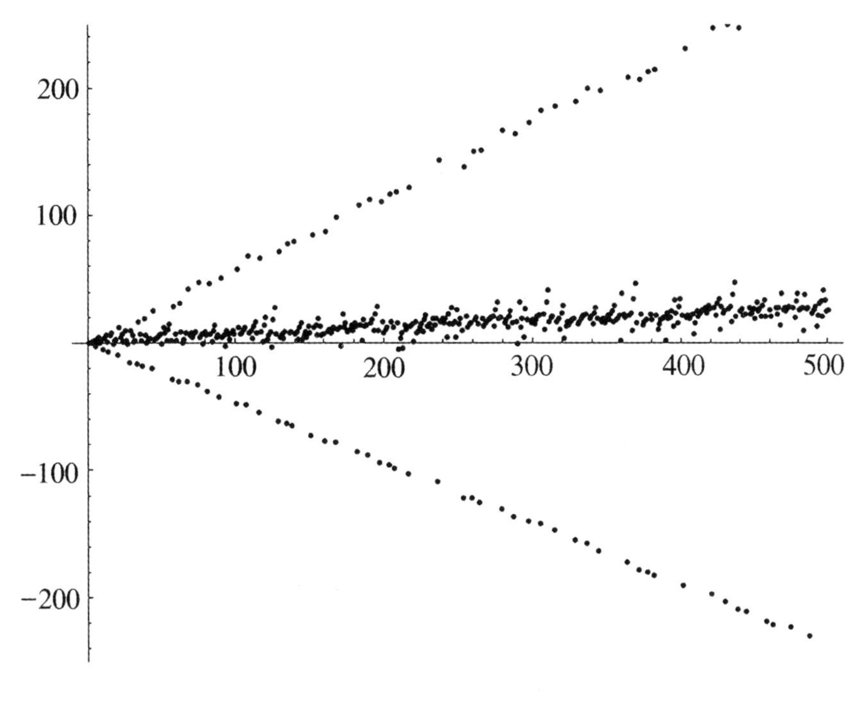

图 3

根据已有资料，在这两个问题中，前一个问题好像已经得到了证明，后一个问题则是最近才提出的猜想，还有待人们继续探索。

5. 不可思议的分形图形

讲数学之美，分形图形是不可不讲的。如果说有什么东西能够让数学和艺术直接联系在一起，答案毫无疑问就是分形图形。

让我们先来看一个简单的例子。首先画一个线段，然后把它平分成三段，去掉中间那一段并用两条等长的线段代替。这样，原来的一条线段就变成了四条小的线段。用相同的方法把每一条小的线段的中间三分之一替换成一座小山，得到了 16 条更小的线段。然后继续对这 16 条线段进行类似的操作，并无限地迭代下去。图 1 是这个图形前五次迭代的过程，可以看到第五次迭代后图形已经相当复杂，我们已经无法看清它的全部细节了。

图 1

你可能注意到一个有趣的事实：整个线条的长度每一次都变成了原来的 $\frac{4}{3}$。如果最初的线段长度为一个单位，那么第一次操作后总长度变成了 $\frac{4}{3}$，第二次操作后总长度增加到 $\frac{16}{9}$，第 n 次操作后总长度为$\left(\frac{4}{3}\right)^n$。毫无疑问，操作无限进行下去，这条曲线将达到无限长。难以置信的是这条无限长的曲线却“始终只有那么大”。

现在，我们像图2那样，把3条这样的曲线首尾相接组成一个封闭图形。这时，有趣的事情发生了，这个雪花状的图形有着无限长的边界，但是它的总面积却是有限的。有人可能会说，为什么面积是有限的呢？虽然从图2看结论很显然，但这里我们还是要给出一个简单的证明。3条曲线中每一条在第n次迭代前都有4^{n-1}条长为$\left(\frac{1}{3}\right)^{n-1}$的线段，迭代后多出的面积为$4^{n-1}$个边长为$\left(\frac{1}{3}\right)^n$的等边三角形。把$4^{n-1}$扩大到$4^n$，再把所有边长为$\left(\frac{1}{3}\right)^n$的等边三角形扩大为同样边长的正方形，总面积仍是有限的，因为无穷级数$\frac{4}{9}+\frac{4^2}{9^2}+\frac{4^3}{9^3}+\cdots$是收敛的。很难相信，这一块有限的面积，竟然是用无限长的曲线围成的。

图 2

这让我们开始质疑“周长”的概念了：剪下一个直径为 1 厘米的圆形纸片，它的周长真的就是 π 厘米吗？拿放大镜看看，我们就会发现纸片边缘并不是平整的，上面充满了小锯齿。再用显微镜观察，说不定每个小锯齿上也长有很多小锯齿。然后，锯齿上有锯齿，锯齿上又有锯齿，周长永远也测不完。分形领域中有一个经典的说法，“英国的海岸线有无限长”，其实就是这个意思。

上面这个神奇的雪花图形叫做科赫雪花，那条无限长的曲线就叫做科赫曲线。它是由瑞典数学家冯·科赫（Helge von Koch）最先提出来的。

分形这一课题提出的时间比较晚。科赫曲线于1904年提出，是最早提出的分形图形之一。我们仔细观察一下这条特别的曲线。它有一个很强的特点：你可以把它分成若干部分，每一个部分都和原来一样（只是大小不同）。这样的图形叫做“自相似”（self-similar）图形。自相似是分形图形最主要的特征，它往往都和递归、无穷之类的东西联系在一起。比如，自相似图形往往是用递归法构造出来的，可以无限地分解下去。一条科赫曲线包含有无数大小不同的科赫曲线。你可以对这条曲线的尖端部分不断放大，但你所看到的始终和最开始一样。它的复杂性不随尺度减小而消失。另外值得一提的是，它是一条连续的，但处处不光滑（不可微）的曲线。曲线上的任何一个点都是尖点。

分形图形有一种特殊的计算维度的方法。我们可以看到，在有限空间内就可以达到无限长的分形曲线似乎已经超越了一维的境界，但说它是二维图形又还不够。1918年，数学家费利克斯·豪斯道夫

(Felix Hausdorff) 提出了豪斯道夫维度，它就是专门用来对付这种情况的。简单地说，豪斯道夫维度描述了对分形图形进行缩放后，图形所占空间大小的变化与相似比的关系。例如，把正方形的边长扩大到原来的 2 倍后，正方形的面积将变成原来的 4 倍；若把正方形的边长扩大到原来的 3 倍，则其面积将变成原来的 9 倍。事实上，两个正方形的相似比为 $1:a$，它们的面积比就应该是 $1:a^2$，那个指数 2 就是正方形的豪斯道夫维度。类似地，两个立方体的相似比为 $1:a$，它们的体积比就是 $1:a^3$，这就告诉了我们，立方体的豪斯道夫维度是 3。然而，一条大科赫曲线包含了 4 条小科赫曲线，但大小科赫曲线的相似比却只有 1∶3。也就是说，把小科赫曲线放大到原来的 3 倍，所占空间会变成原来的 4 倍！因此科赫曲线的豪斯道夫维度为 $\log_3 4$。它约等于 1.26，是一个介于 1 和 2 之间的实数。直观地说，科赫曲线既是曲线，又非曲线，它介于线与面之间。

很多分形图形的维度都介于 1 和 2 之间。比如说谢尔宾斯基（Sierpinski）三角形：像图 3 那样，把一个三角形分成 4 等份，挖掉中间那一份，然后继续对另外 3 个三角形进行这样的操作，并且无限地递归下去。每一次迭代后整个图形的面积都会减小到原来的 $\frac{3}{4}$，因此最终得到的图形面积显然为 0。因而和科赫曲线正好相反，它已经不能算二维图形了，但说它是一维的似乎也有些过了。事实上，它的豪斯道夫维度是 $\log_2 3$，也是一个介于 1 和 2 之间的图形。

图 3

谢尔宾斯基三角形的另一种构造方法如图 4 所示。把正方形分成四等份，去掉右下角的那一份，并且对另外 3 个正方形递归地操作下去。挖几次后把脑袋一歪，你就可以看到一个等腰直角的谢尔宾斯基三角形了。

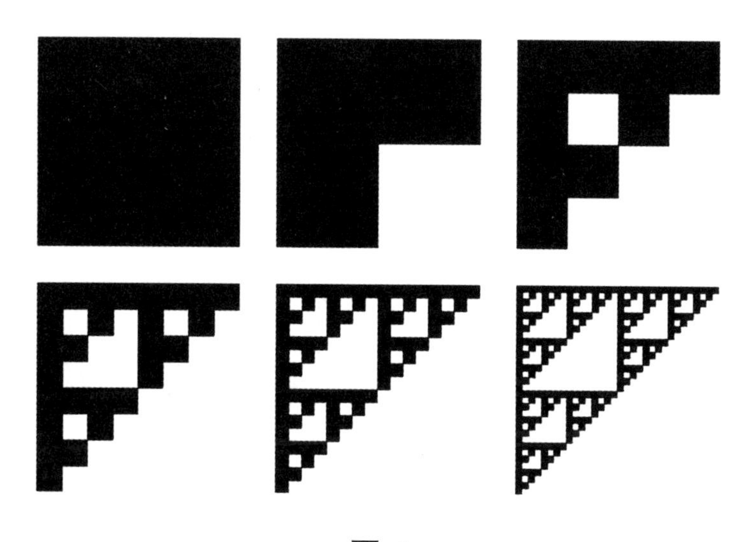

图 4

谢尔宾斯基三角形还有一些非递归的构造。1983 年，斯蒂芬·沃尔夫勒姆（Stephen Wolfram）发现，在一个网格中，从一个黑色格子开始，不断按规则生成下一行的图形（见图 5），也能得到谢尔宾斯基三角形。这种图形生成方法有一个很酷的名字，叫做“细胞自动机”。

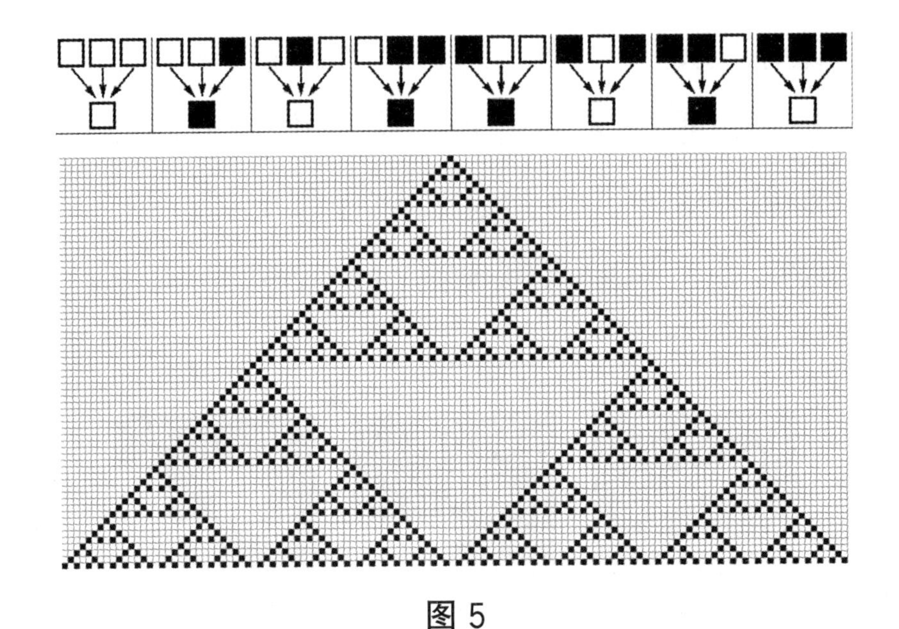

图 5

谢尔宾斯基三角形有一个神奇的性质：如果某一个位置上有点（没被挖去），那么它与原三角形顶点的连线上的中点处也有点。这给出了一个更为诡异的谢尔宾斯基三角形构造方法：给出三角形的 3 个顶点，然后从其中一个顶点出发，每次随机向任意一个顶点移动 $\frac{1}{2}$ 的距离（走到与那个顶点的连线的中点上），并在该位置作一个标记；无限次操作后所有的标记就组成了谢尔宾斯基三角形。

杨辉三角与谢尔宾斯基三角形之间也有不可思议的关系。如图 6，把杨辉三角中的奇数和偶数用不同的颜色区别开来，你会发现由此得到的正是谢尔宾斯基三角形。也就是说，二项式系数（或者说组合数）的奇偶性竟然可以表现为一个分形图形！这相当于给出了谢尔宾斯基三角形的第五种构造方法。利用简单的代数方法生成如此优雅的图形，实在是令人叹为观止。请记住谢尔宾斯基三角形这个最经典的分形图形，因为在未来的某个时刻，我们将会在某个出人意料的地方用到它。

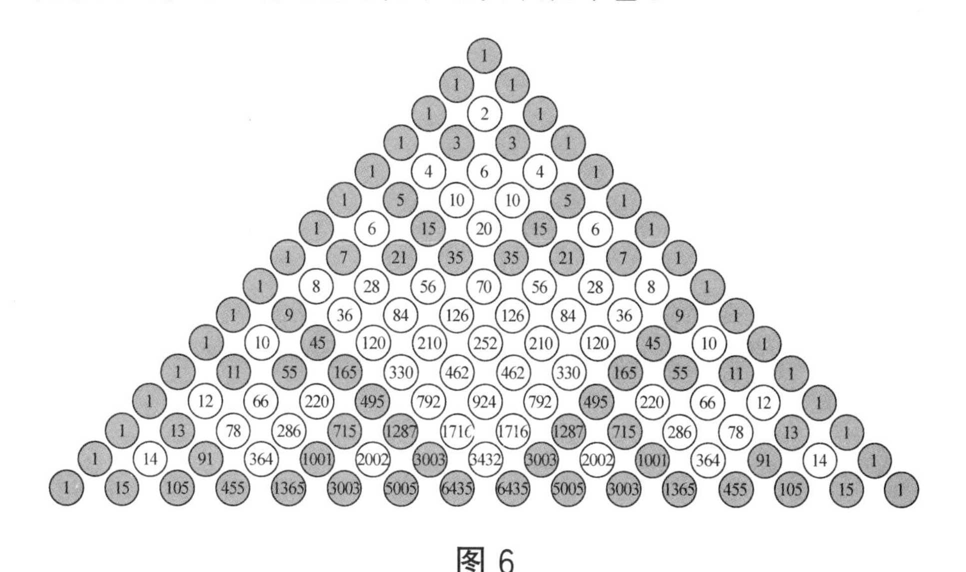

图 6

大家或许已经看到了数学的奇妙之处：一个如此简单的公式，竟能形成如此美观精细的图形。说到这里，我们不得不提另一个奇迹般的分形图形。

考虑函数 $f(z)=z^2-0.75$。固定 z_0 的值后，我们可以通过不断地迭代算出一系列的 z 值：$z_1=f(z_0)$，$z_2=f(z_1)$，$z_3=f(z_2)$，…。比如，当 $z_0=1$ 时，我们可以依次迭代出：

$z_1=f(1.0)=1.0^2-0.75=0.25$

$z_2=f(0.25)=0.25^2-0.75=-0.6875$

$z_3=f(-0.6875)=(-0.6875)^2-0.75=-0.2773$

$z_4=f(-0.2773)=(-0.2773)^2-0.75=-0.6731$

$z_5=f(-0.6731)=(-0.6731)^2-0.75=-0.2970$

……

可以看出，z 值始终在某一范围内，并将最终收敛到某一个值上。

但当 $z_0=2$ 时，情况就不一样了。几次迭代后我们将立即发现 z 值最终会趋于无穷大：

$z_1=f(2.0)=2.0^2-0.75=3.25$

$z_2=f(3.25)=3.25^2-0.75=9.812\ 5$

$z_3=f(9.8125)=9.8125^2-0.75=95.535$

$z_4=f(95.535)=95.535^2-0.75=9\ 126.2$

$z_5=f(9126.2)=9\ 126.2^2-0.75=83\ 287\ 819.2$

……

经过计算，我们可以得到如下结论：当 z_0 属于[-1.5，1.5]时，z 值始终不会超出某个范围；而当 z_0 小于 -1.5 或大于 1.5 后，z 值最终将趋于无穷。

现在，我们把这个函数扩展到整个复数范围。对于复数 $z_0=a+bi$，取不同的 a 值和 b 值，函数迭代的结果不一样：对于有些 z_0，函数值始终约束在某一范围内；而对于另一些 z_0，函数值则将发散到无穷。我们把满足前一种情况的所有初始值 z_0 所组成的集合称为朱利亚集，它是以法国数学家加斯顿·朱利亚（Gaston Julia）的名字命名的。

由于复数对应了平面上的点，因此我们可以用一个平面图形直观地展现朱利亚集。我们用黑色表示所有属于朱利亚集的 z_0；对于其他的 z_0，我们用不同的颜色来区别不同的发散速度，颜色越浅表示发散速度越慢，颜色越深表示发散速度越快。难以置信，由此得到的图形竟然是一个看上去非常复杂的分形图形（见图 7）。

图 7

这个美丽的分形图形就是 $f(z)=z^2-0.75$ 时的朱利亚集。如果我们把 -0.75 换成别的数，比如 $-0.8+0.15i$ 呢？这将会带来另一个完全不同的分形图形，图 8 就是 $f(z)=z^2-0.8+0.15i$ 所对应的朱利亚集。

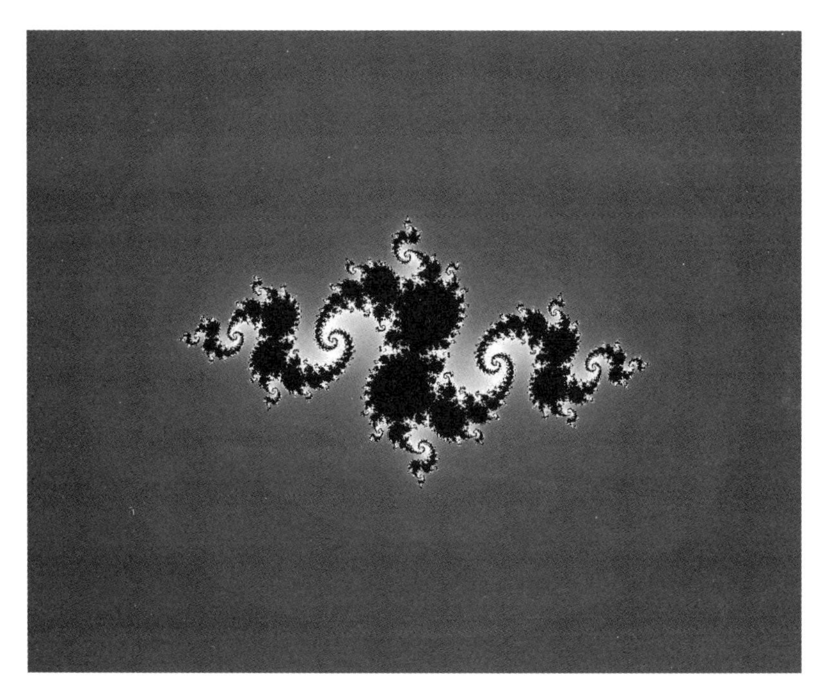

图 8

事实上，对于复数函数 $f(z)=z^2+c$，每取一个不同的复数 c，我们都能得到一个不同的朱利亚集分形图形，并且令人吃惊的是，每一个分形图形都是那么美丽，其中有些经典的朱利亚集甚至有自己的名字。图 9 就是 $c=-1.755$ 时的朱利亚集，俗称“飞机”。

图 9

图 10 则是 $c=-0.123+0.745i$ 所对应的朱利亚集。它也有一个形象的名字——杜瓦地兔子。这是以法国数学家阿德里安·杜瓦地（Adrien Douady）的名字命名的。

你甚至会不相信，这种简单而机械的过程可以生成如此美丽的图形。

不过，并不是所有的复数 c 都对应了一个连通的朱利亚集。图 11 所示的就是 $c=0.3$ 时的朱利亚集。这仍然是一个漂亮的分形图，但它和前面的图像有一个很大的区别——图像里不再有连通的黑色区域了。这是因为，真正属于朱利亚集的点都是一个个离散的点（分布在图中的各个白色亮斑中），我们已经无法从图像上直接观察到了。我们能看到的，都是那些将会导致函数值发散到无穷的点，只是它们的发散速度有所不同。

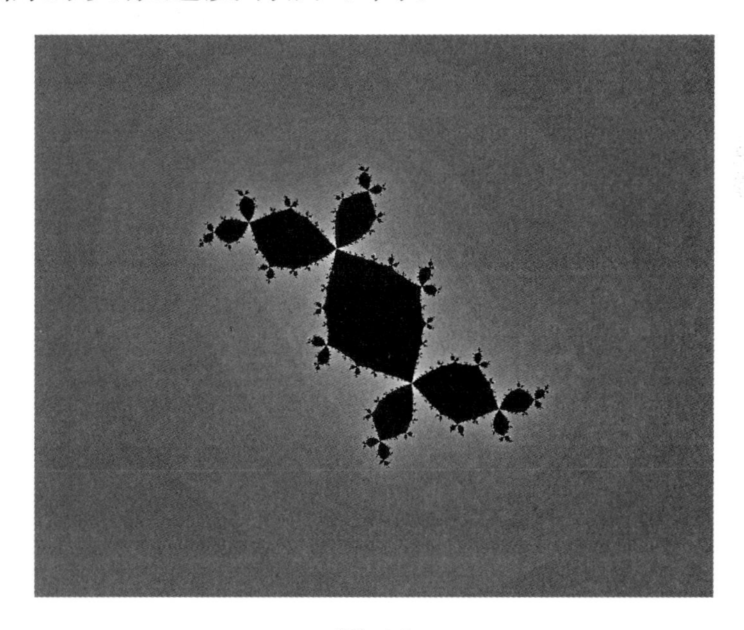

图 10

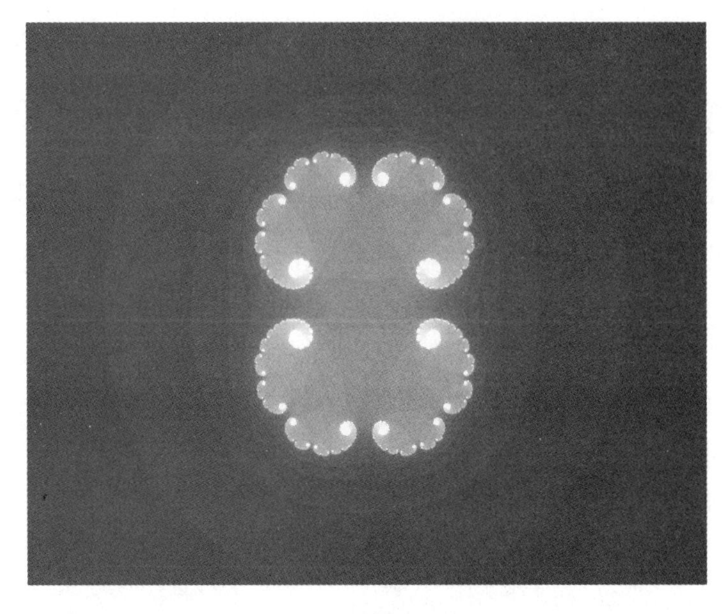

图 11

于是，我们自然想到了一个问题：哪些复数 c 对应着连通的朱利亚集呢？数学家贝努瓦·曼德尔布罗特（Benoit Mandelbrot）是最早对这个问题进行系统研究的人之一，因此我们通常把所有使得朱利亚集形成一块连通区域的复数 c 所组成的集合叫做曼德尔布罗特集。注意，曼德尔布罗特集也是一个由复数构成的集合，它也能表现在一个平面上。神奇的是，曼德尔布罗特集本身竟然又是一个漂亮的分形图形（见图 12）！

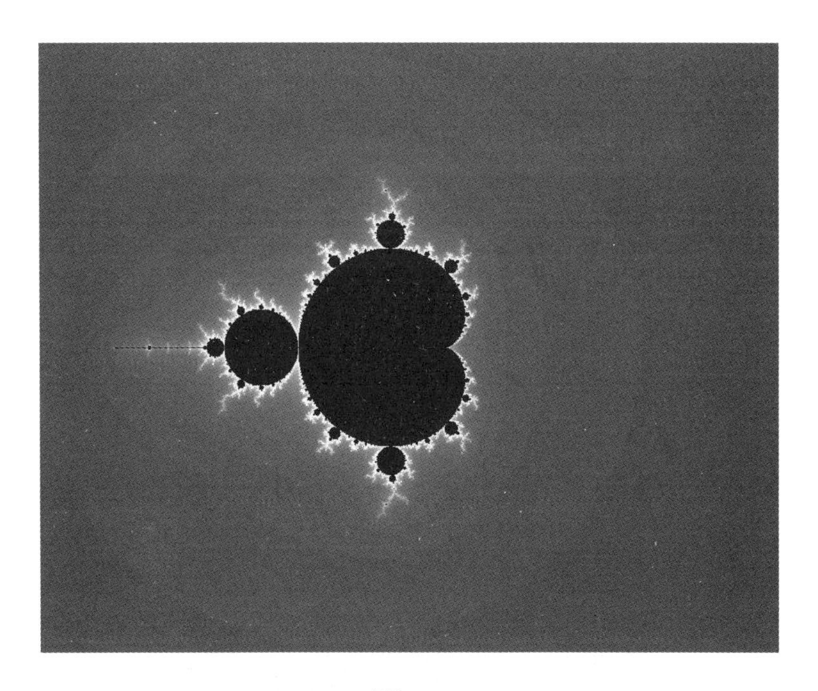

图 12

有一个重要的定理指出，一个朱利亚集是连通的，当且仅当 $z_0=0$ 在这个朱利亚集里。换句话说，为了判断一个朱利亚集是否连通，我们只需要测试一下 $z_0=0$ 时的迭代结果即可。因此，我们有了曼德尔布罗特集的一个等价的定义，也就是所有不会让零点发散的复数 c 组成的集合。图 12 其实就是依据这个原理制作的，其中黑色的区域表示曼德尔布罗特集，即那些不会让零点发散的复数 c；其他的点所对应的复数 c 都将会让零点发散，浅色代表发散慢，深色代表发散快。

图 13

前面说过，分形图形是可以无限递归下去的，它的复杂度不随尺度减小而消失。曼德尔布罗特集中大小两个主要圆盘相接处所产生的深沟叫做“海马谷”（sea horse valley）。图 13 展示了它的一个局部大图。它的细节非常丰富，你会看到很多像海马尾巴一样的钩子以一种分形的方式排列开来。

图 14 则展现了曼德尔布罗特集最右边那个深

沟的景观，它也有一个名字，叫做“大象谷”(elephant valley)。

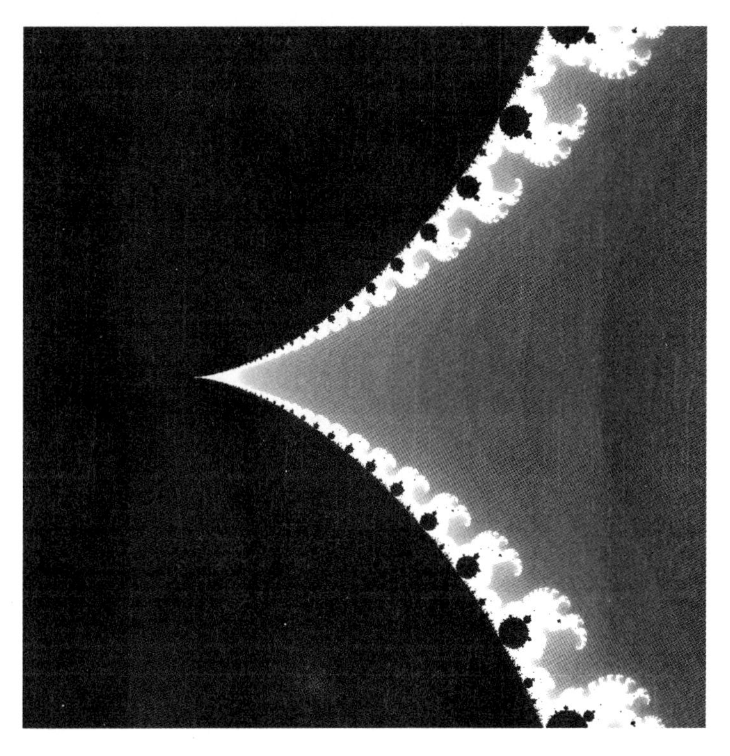

图 14

曼德尔布罗特集里值得放大的地方太多了。仔细看看曼德尔布罗特集最上方的白色触须里，是不是有一些小黑点？让我们放大一下，看看它们究竟是什么吧（见图 15）。

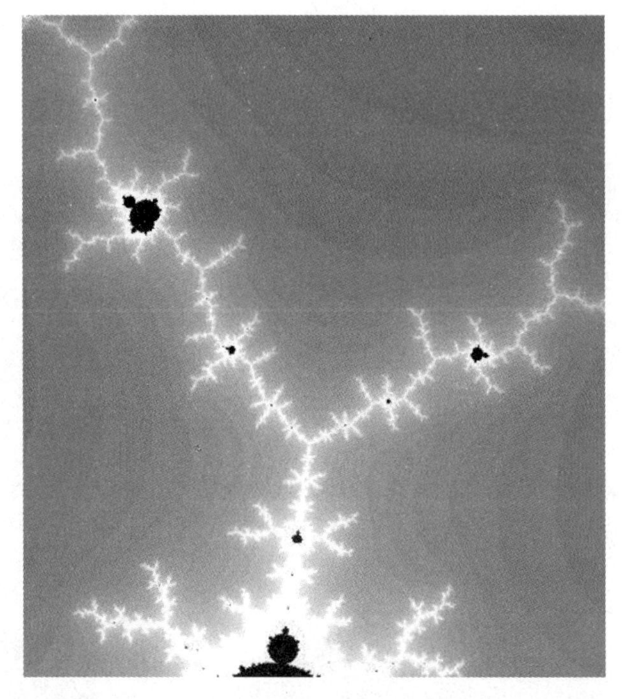

图 15

你会发现，它们竟然是曼德尔布罗特集本身的形状！此时，你应该能体会到曼德尔布罗特集的深邃与神秘了吧。

如果有人提到了数学之美，我首先想到的便是曼德尔布罗特集，简单的函数迭代竟能产生如此令人震撼的结果，壮观到了让人敬畏的地步。

如果你整天都被各种数学公式折磨，并且因此厌恶数学的话，不妨在网上找些曼德尔布罗特集的图片来看看。曼德尔布罗特集完美地诠释了我非常喜欢的一个比喻：数学不只是一堆公式，正如天文学不只是一堆望远镜（见图 16）。

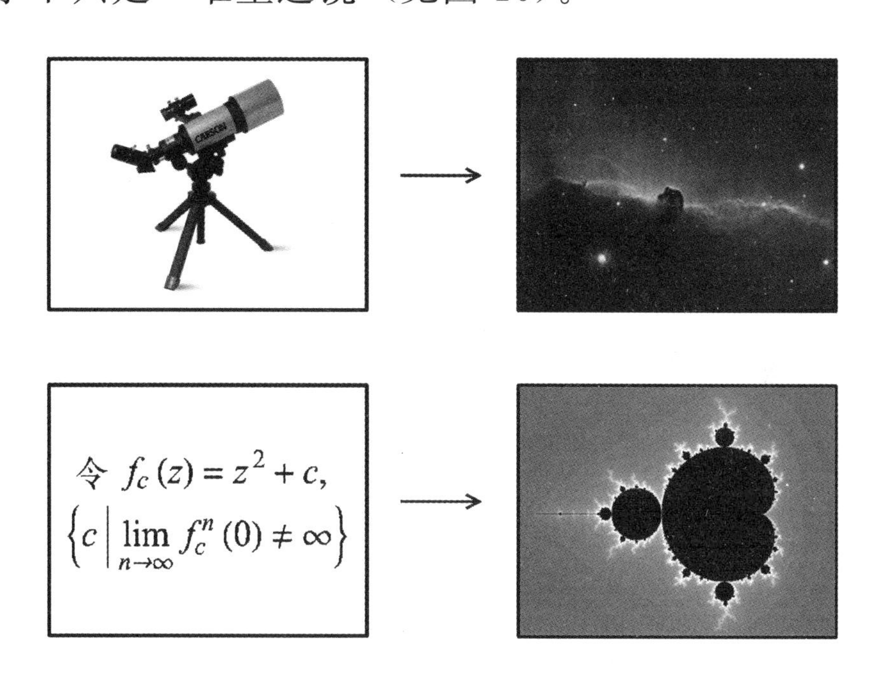

图 16

6. 几何之美：三角形的心

我曾经教过一段时间的初中数学竞赛课，下面这些内容来源于我在初三数学竞赛课的一份讲义。这节课的主题本是四点共圆，但由此引出了三角形中很多漂亮的性质，让人深感平面几何之美。不管你是否喜爱数学，你都会被这些奇妙的结论所震撼。

三角形的奇迹首先表现在各个“心”上：三角形内部的每一组有几何意义的线条都交于一点（见图 1）。3 条角平分线交于一点，这个点就叫做三角形的“内心”，它是三角形内切圆的圆心；3 条边的中垂线交于一点，这个点就叫做三角形的“外心”，它是三角形外接圆的圆心；三角形的 3 条中线也交于一点，这个点叫做三角形的“重心”，因为它真的就是这个三角形的重心。用力学方法可以很快推导出，它位于各中线的三等分点处。这些心将会在本节后面某个出人意料的地方再次出现。

三角形的3条高也不例外——它们也交于一点，这个点就叫做三角形的垂心。

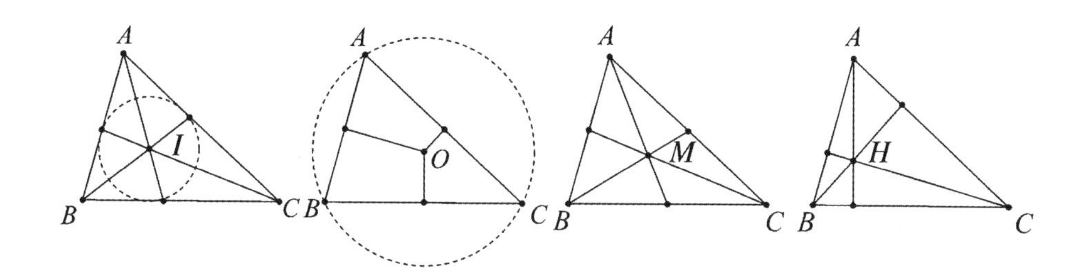

图1

垂心看上去很不起眼，但深入研究后即会冒出很多奇妙的结论。由于两个斜边重合的直角三角形将会产生出共圆的四点，因此画出三角形的3条高后，会出现大量四点共圆的情况，由此将挖掘出一连串漂亮的结论。让我们先来看一个简单而直接的结论。

定理 若D、E、F分别是$\triangle ABC$三边的高的垂足，则$\angle 1=\angle 2$（见图2）。

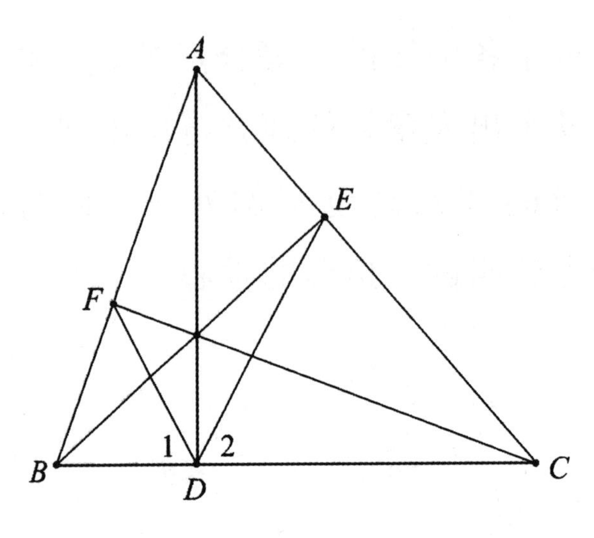

图 2

证明 由于$\angle AFC=\angle ADC=90^\circ$，因此$A$、$C$、$D$、$F$四点共圆。由于圆内接四边形对角互补，因此$\angle 1=180^\circ-\angle CDF=\angle A$。同理，由$A$、$B$、$D$、$E$四点共圆可知$\angle 2=\angle A$。因此$\angle 1=\angle 2$。

如果把三边垂足相连结构成的三角形称作“垂足三角形”的话，我们就有了下面这个听上去很帅的推论。

推论 三角形的垂心是其垂足三角形的内心（见图 3）。

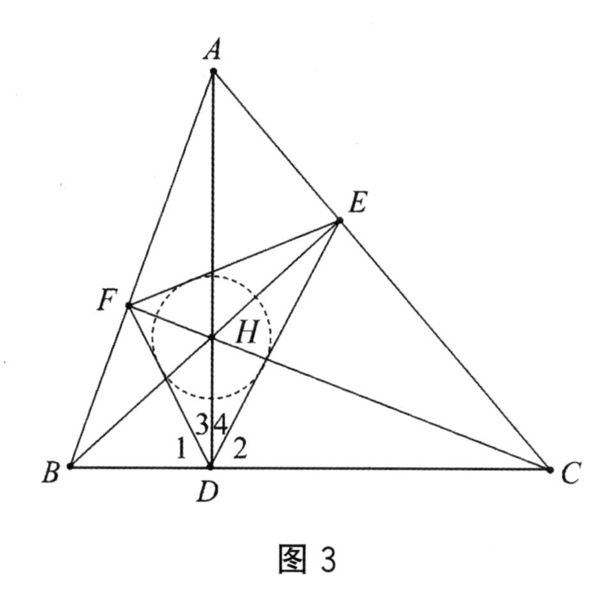

图 3

证明 因为 AD 垂直于 BC，而刚才又证明了 $\angle 1=\angle 2$，因此 $\angle 3=\angle 4$，即 HD 平分 $\angle EDF$。类似地，HE、HF 都是 $\triangle DEF$ 的内角平分线，因此 H 是 $\triangle DEF$ 的内心。

另一个有趣的推论如下。

推论 将 $\triangle ABC$ 沿 AC 翻折到 $\triangle AB'C$，假设 EF 翻折到了 EF'，则 EF' 和 DE 共线。(见图 4)。

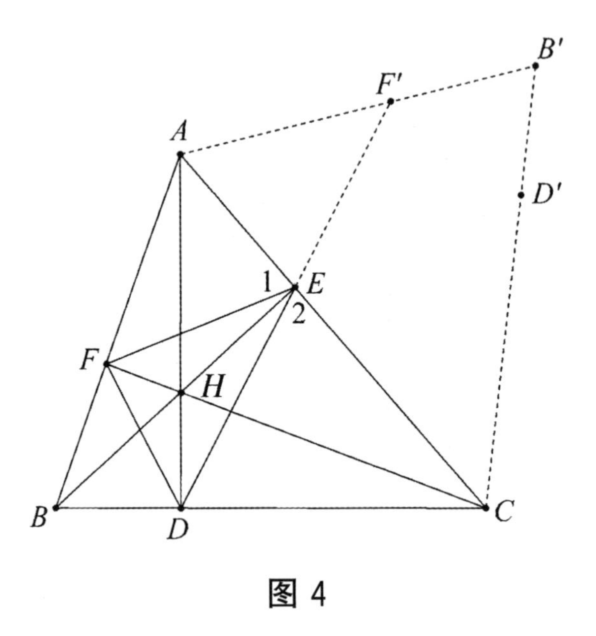

图 4

证明 这可以直接由图 4 中的$\angle 1 = \angle 2$推出。

1775 年，法尼亚诺（Fagnano）曾经提出了下面这个问题：在给定的锐角三角形 ABC 中，什么样的内接三角形具有最短的周长？这个问题就被称为“法尼亚诺问题”。法尼亚诺自己给出了答案：周长最短的内接三角形就是垂足三角形。下面我们就来证明这个结论。

定理 在$\triangle ABC$ 的所有内接三角形中，垂足三角形$\triangle DEF$ 拥有最短的周长。

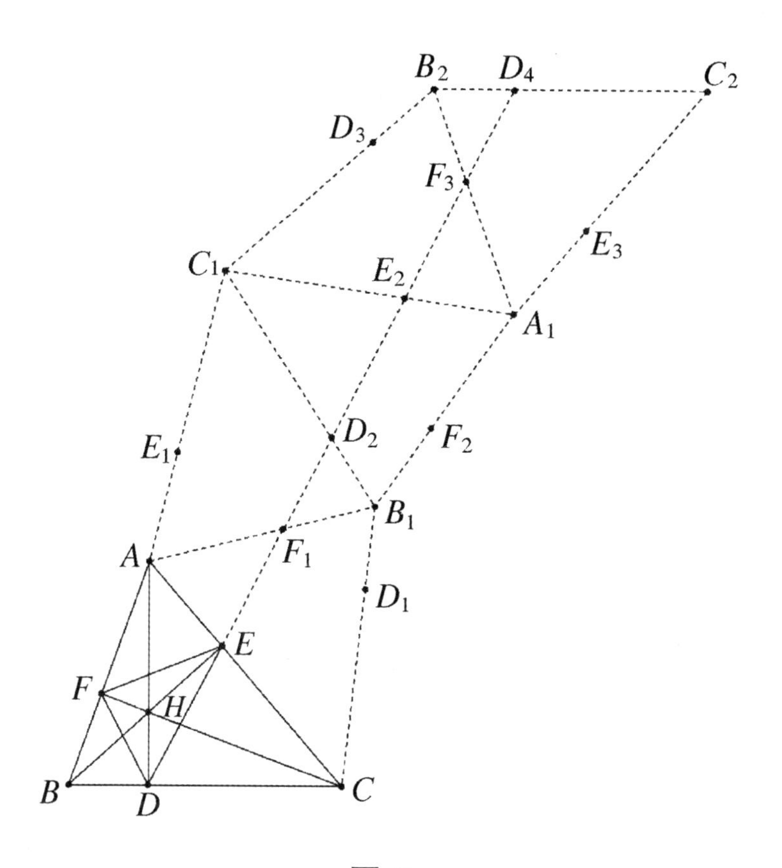

图 5

证明 像图 5 那样，把三角形翻折五次，得到折线段 $DEF_1D_2E_2F_3D_4$。这条折线段的总长度等于内接三角形 DEF 周长的两倍。注意到，由前面提到的垂足三角形的性质可知，这条折线段正好组成了一条直线段。另外，注意到如此翻折之后，BC 和 B_2C_2 是平行且相等的，而且 D 和 D_4 位于两线段上相同的位置，因此从 D 到 D_4 的折线段总长

总是以直线段 DD_4 最短。这就说明了，垂足三角形 $\triangle DEF$ 拥有最短的周长。

不过，这还不够震撼，垂心还有不少的本事。四点共圆还会给我们带来其他的等角。

定理 若 D、E、F 分别是 $\triangle ABC$ 三边的高的垂足，则 $\angle 1=\angle 2$（见图 6）。

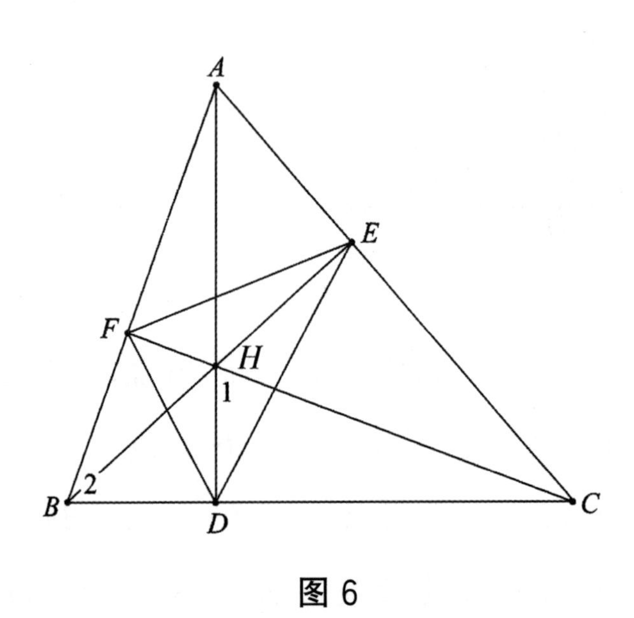

图 6

证明 由于 $\angle BFH=\angle BDH=90°$，因此 B、F、H、D 四点共圆，因此 $\angle 1=180°-\angle FHD=\angle 2$。

这将给我们带来下面这个非常漂亮的推论。

推论 把$\triangle ABC$的垂心H沿BC边翻折到H'，则H'在$\triangle ABC$的外接圆上（见图7）。

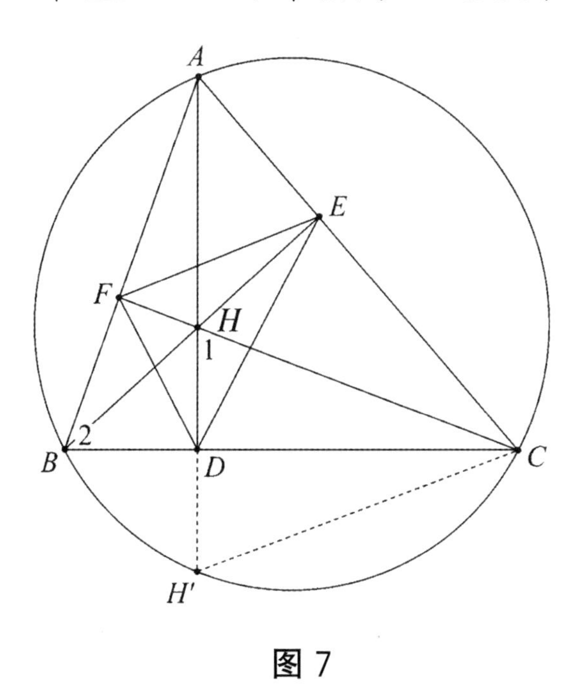

图 7

证明 由于H和H'沿BC轴对称，因此$\angle H'=\angle 1$。而前面已经证明过了，$\angle 1=\angle 2$。因此，$\angle H'=\angle 2$。而$\angle H'$和$\angle 2$都是AC所对的角，它们相等就意味着A、C、H'、B是四点共圆的。

换一种描述方法，这个结论还可以变得更酷：

推论 把$\triangle ABC$的垂心H沿三边分别翻折到H_1、H_2、H_3，则A、B、C、H_1、H_2、H_3六点共圆（见图8）。

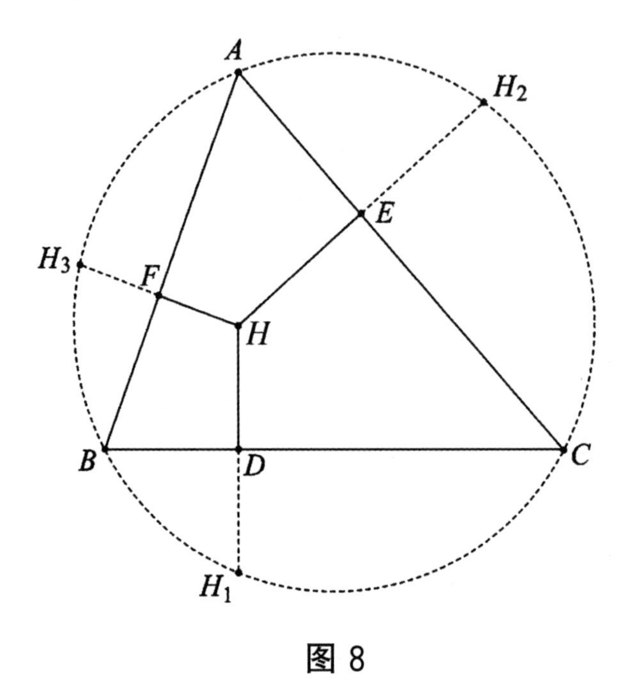

图8

证明 这可以直接由前面的结论得到。

另一个更加对称美观的结论如下：

推论 若D、E、F分别是$\triangle ABC$三边的高的垂足，H是垂心，则$AH \cdot DH = BH \cdot EH = CH \cdot FH$（见图9）。

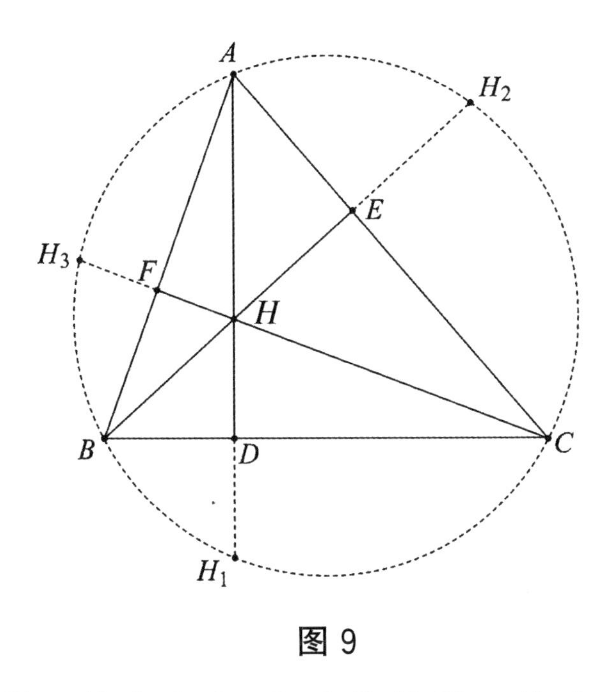

图 9

证明 作出$\triangle ABC$的外接圆，然后延长HD、HE、HF，它们与外接圆的交点分别记作H_1、H_2、H_3。前面的结论告诉我们，$HH_1=2HD$，$HH_2=2HE$，$HH_3=2HF$。而相交弦定理（经过圆内一定点的弦，被该点分得的两条线段的长度乘积为定值，这可以由相似三角形迅速得证）告诉我们，$AH\cdot HH_1=BH\cdot HH_2=CH\cdot HH_3$。各等量同时除以 2，就有$AH\cdot DH=BH\cdot EH=CH\cdot FH$。

让我们再来看一个与外接圆有关的定理。

定理 若 D、E、F 分别是$\triangle ABC$ 三边的高的垂足，H 是垂心。过 C 作 BC 的垂线，与$\triangle ABC$ 的外接圆交于点 G。则 $CG=AH$（见图10）。

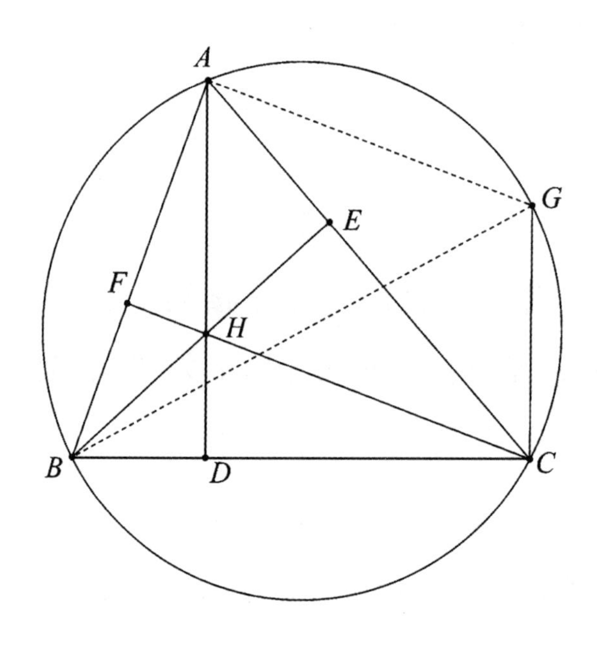

图 10

证明 我们将证明四边形 $AHCG$ 的两组对边分别平行，从而说明它是一个平行四边形。注意到 CG 和 AD 都垂直于 BC，因此 CG 和 AD 是平行的。由于$\angle BCG$ 是直角，这说明 BG 是圆的直径，也就说明$\angle BAG$也是直角，即GA垂直于AB。而CF也垂直于AB，所以AG与CF平行。因而四边形$AHCG$是平行四边形，$CG=AH$。

它也能带来一个更帅的推论。

推论 若H是$\triangle ABC$的垂心，O是$\triangle ABC$的外心，则O到BC的垂线段OM与AH平行，并且是AH长度的一半（见图11）。

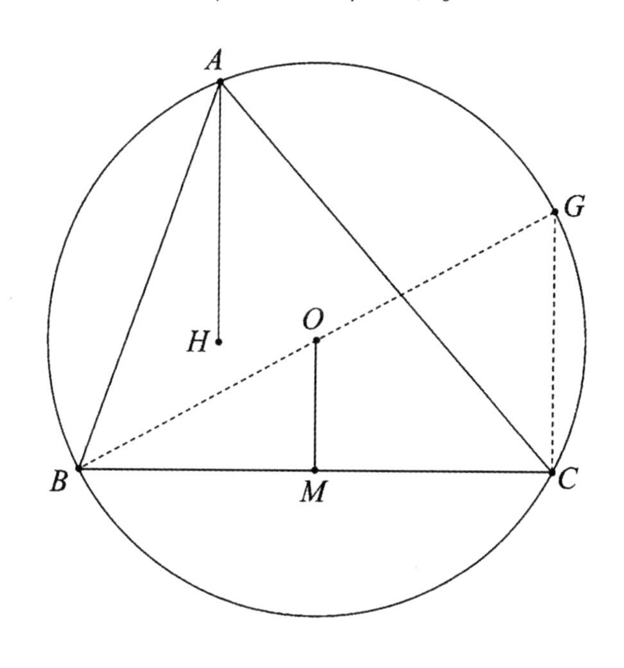

图 11

证明 前面我们证明了，图11中的CG与AH

平行且相等。注意到 BG 是外接圆的直径，BG 的中点就是圆心，也就是 $\triangle ABC$ 的外心 O。垂线段 OM 是 $\triangle BCG$ 的中位线，它平行且等于 CG 的一半，从而也就平行且等于 AH 的一半。

好了，下面大家将会看到的就是初等几何的瑰宝。

推论　三角形的垂心、重心和外心共线，且重心在垂心和外心连线的三等分点处（见图 12）。

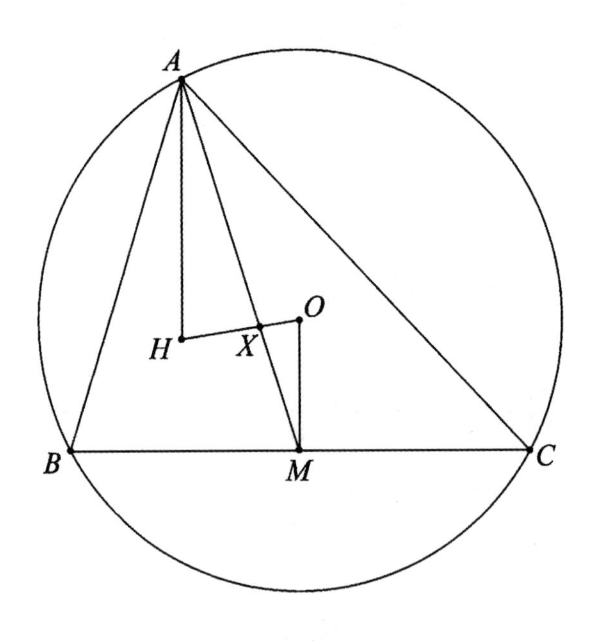

图 12

证明 把 AM 和 HO 的交点记作 X。刚才我们已经证明了，AH 与 OM 平行，且长度之比为 2∶1。因此，$\triangle AHX$ 和 $\triangle MOX$ 相似，相似比为 2∶1。由此可知，$HX : XO = 2 : 1$，即 X 在线段 HO 的三等分点处。另外，$AX : XM = 2 : 1$，也就是说 X 在三角形中线 AM 的 2∶1 处。这说明，X 正是三角形的重心！

任意给定一个三角形，它的垂心、重心和外心三点共线，且重心将垂心和外心的连线分成 2∶1 两段。这个美妙的结论是大数学家欧拉在 1765 年发现的，因而三角形中垂心、重心、外心所成的直线也就叫做“欧拉线”。

在三角形中，与内心、外心、重心、垂心有关的结论还有很多，我们很难在一篇文章里把它们讲完。事实上，三角形的心也不止这么几个。1994 年，美国数学教授克拉克·金伯林（Clark Kimberling）开始收集历史上被数学家们研究过的三角形的心，并建立了“三角形中心百科全书”的网站。这个网站记录了几乎所有目前已知的三角形的心。在这部百科全书里，每个三角形的心都有一个编号，编号为 n 的心就用符号 $X(n)$ 来表示，其中 $X(1)$ 到 $X(8)$ 分别为内心、重心、外心、垂心、九点圆圆心、类似重心、热尔岗（Gergonne）点和奈格尔（Nagel）点。不但每个心都有自己独特的几何性质，各个心之间还有大量共线、共圆的关系。

这个网站的地址是 http://faculty.evansville.edu/ck6/encyclopedia/ETC.html。目前，整个网站已经收集了近 5000 个三角形的心，且这个数目还在不断增加。

7. 数学之外的美丽：幸福结局问题

这是一个小故事，一个结局很幸福的小故事。

1933 年，匈牙利数学家乔治·塞凯赖什(George Szekeres)只有 22 岁。那时，他常常和朋友们在匈牙利的首都布达佩斯讨论数学。这群人里面还有同样生于匈牙利的数学怪才埃尔德什大神。不过当时，埃尔德什只有 20 岁。

在一次数学聚会上，一位叫埃丝特·克莱因(Esther Klein)的美女同学提出了这么一个结论：在平面上随便画 5 个点(其中任意三点不共线)，那么一定有 4 个点，它们构成一个凸四边形。塞凯赖什和埃尔德什等人想了好一会儿，依然不知道该怎么证明这个结论。于是，美女同学得意地宣布了她的证明：如图 1，这 5 个点的凸包(覆盖整个点集的最小凸多边形)只可能是五边形、四边形和三角形。前两种情况都已经不用再讨论了，而对于第三种情况，把三角形内的两个点连成一条直线，则三角形的 3 个顶点中一定有 2 个顶点在这条直线的同一侧，这 4 个点便构成了一个凸四边形。

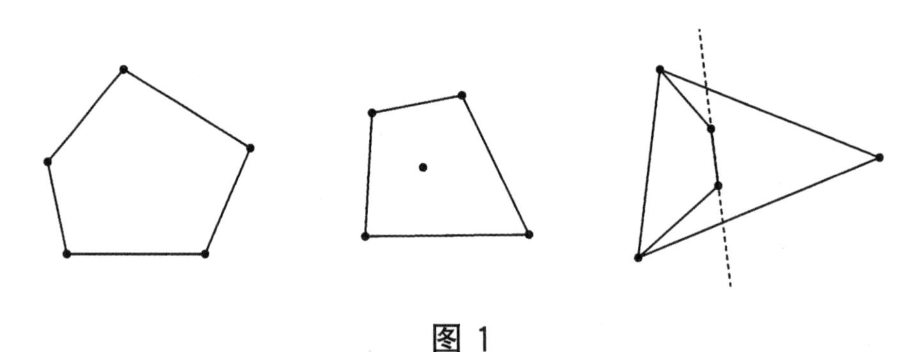

图 1

众人大呼精彩。之后，埃尔德什和塞凯赖什仍然对这个问题念念不忘，于是尝试对其进行推广。最终，他们于 1935 年发表论文，成功地证明了一个更强的结论：对于任意一个正整数 $n \geqslant 3$，总存在一个正整数 m，使得只要平面上的点有 m 个（并且任意三点不共线），那么一定能从中找到一个凸 n 边形。埃尔德什把这个问题命名为“幸福结局问题”（Happy Ending problem），因为这个问题让塞凯赖什和美女同学克莱因走到了一起，两人在 1936 年喜结良缘。

对于一个给定的 n，不妨把需要的最少点数记作 $f(n)$。求出 $f(n)$ 的准确值是一个不小的挑战。由于平面上任意不共线三点都能确定一个三角形，因此 $f(3)=3$。克莱因的结论则可以简单地表示为 $f(4)=5$。

当 $n=5$ 时，8 个点是不够的。图 2 就是 8 个不含凸五边形的点。

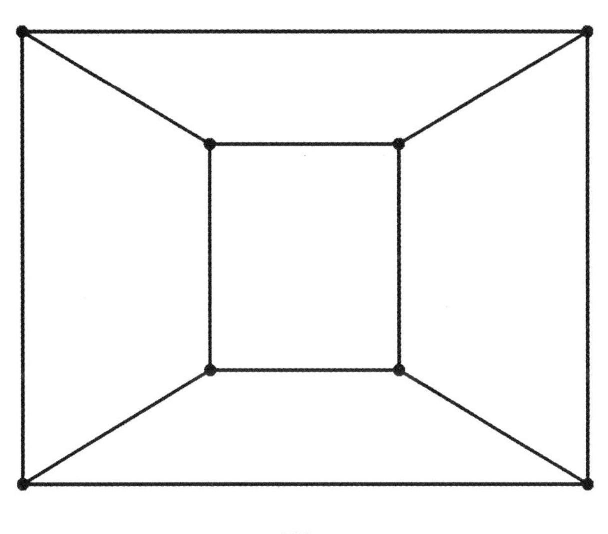

图 2

利用一些稍显复杂的方法可以证明，任意 9 个点都包含一个凸五边形，因此 $f(5)$ 等于 9。

2006 年，利用计算机，人们终于证明了 $f(6)=17$。目前，对于更大的 n，$f(n)$ 的值仍然都是未知的。人们猜测 $f(n)=2^{n-2}+1$，这个猜想是否正确，短时间内恐怕也无从得知了。

不管怎样，最后的结局真的很幸福。塞凯赖什和克莱因在结婚后的近 70 年里，先后到过上海和阿德莱德，最终在悉尼定居，期间从未分开过。2005 年 8 月 28 日，塞凯赖什和克莱因相继离开人世，相隔不到一个小时。